インプレスR&D［NextPublishing］

E-Book / Print Book

テスト駆動で作る！

初めてのAzureアプリ

窓川ほしき 著

目次

はじめに

本書は「JavaScriptのテスト駆動開発でWebアプリケーションを作成しよう。ChaiとSinonを用いたスタブの作り方と検証コードの表現に触れよう」を目的とした本です。Node.js環境を前提とします。テストフレームワークとライブラリにはMochaとChaiとSinon、そしてpromise-test-helperを用います。Windows上で開発を行います。

小さなWebアプリケーションを作成しながら、テスト用ライブラリによる具体的なコード表現の事例、コード作成の進め方、を説明します。Webアプリケーションの公開場所は、設定と操作がGUIでわかりやすい**Microsoft Azure**（以降、Azureと略記）を利用します。

「テストを先に書き、後から実装する」進め方は、**「テスト駆動開発」**と呼ばれます。この方法の良いところは、「テストコードがそのまま設計仕様書になること」です。

開発するタイミングが飛び飛びに成る場面などでも効果を発揮します。例えば、一週間前に考えていた設計は、忘れてしまうことが多いのではないでしょうか？実装から読み取っても良いのですが、間違わずに読み取ることは手間です。もちろん「設計仕様書」を書いてから、実装を進めれば「設計を忘れる」問題は発生しませんが、仕様書の通りに実装されたか否かを「人間の目で、動作を見て確認」する必要があり、これも手間です。

そこで「テストコードを書いて設計し、具体的なInput/Outputを定めておく。細かい実装は後回しにする」という手法が効果を発揮します。実装後の動作検証は、テスト実行のコマンドひとつで行うことができます。

なお、「テストコードを書く」と「大雑把に実装する」は並行して進めます。実装して初めて見えてくる問題もあるので、必ずしも最初にすべて設計を終える必要はありません。実装の一歩先の設計＝テストコードがあればよいのです。

本書では、次のように「テスト駆動」で「Webアプリケーションを開発する方法」を解説します。せっかく作ったWebアプリケーションは公開したいので、Azureで公開することを前提にして設計していきます。次の流れで進めます。

1. サーバー側に必要な機能をテストベースで設計する
2. サーバー側の機能を、実装してテストをパスさせる
3. 理解に不安のあるI/Oを、「実動作→テスト」で学びながら設計と実装をする
4. クライアント側のデーター変換をテストベースで設計する
5. クライアント側のデーター変換を実装してテストをパスさせる
6. Azureに公開して動作を確認する

Webアプリケーションは、データーベースを備えたAPIサーバーと、UIとしてのブラウザー側

クライアントの構成とします[1]。サーバー側とクライアント側のデーターのやり取りにはRESTful API[2]を利用します。RESTful APIは、HTTP/HTTPSでの通信から、グラフィカルな部分を落として、データーの送受信だけに特化したもの、と捉えてください。本書では、SQLiteデーターベースを用いたWebアプリケーションのサンプルに沿って解説しますが、SQLコマンドの知識が無くとも動作の意図が読み取れるサンプルです。Webアプリケーションの実装方法ではなく、「どのようにしてテストコードを書くか？頭の中にある設計（Input/Output）をテストコードでどう表現するか？」にフォーカスします。

Azureへの公開手順についての説明や、サーバー側（Azure側）とクライアント側（ブラウザー側）の通信方法、クライアント側のGUI機能の設計については、必要最小限の範囲の解説に留めます。なお、より詳細な「公開手順」や「通信方法」、「GUIの実装方法」については、筆者による「Azure無料プランで作る！初めてのWebアプリケーション開発」（インプレスR&D刊 https://nextpublishing.jp/book/9639.html）にて同一のサンプルコードを用いて解説しています[3]。

本書を読み進めるためには、初歩のJavaScript言語の知識があることを前提としています。必要に応じて書籍やインターネットなどで事前学習をお願いします。

また本書で用いるサンプルのソースコードは「JavaScriptそのもの以外への背景知識を極力不要とすること、簡単であること」と「テストコードの表現がわかりやすい事」を優先しております。「テスト駆動開発」そのものの理念や、開発サイクルの進め方、拡張性やセキュリティなどについては関連書籍などを参照ください。

参考書籍

- 実践テスト駆動開発　著、Steve Freeman, Nat Pryce　翻訳、和智右桂、高木正弘
- node.js超入門　著、掌田津耶乃
- JavaScript Promiseの本　著、azu[4]
- RESTful Webサービス　著、Leonard Richardson, Sam Ruby　監訳、山本陽平　訳、株式会社クイープ
- わかばちゃんと学ぶGit使い方入門　著、湊川あい

必要な開発環境とアカウント、その入手先

クライアントPCはWindows OS環境とします。本章のゴールにたどり着くには、次の物が

1.APIサーバーとは、人間向けのUIの提供ではなく、アプリケーションの機能（データーの管理）提供に特化したサーバー、と捉えてください。APIサーバーとのデーターのやり取りの結果を表示するUIはクライアント側ブラウザーで実装します。

2.RESTful Webサービス（API）とも呼ばれます。本書では以降、RESTful APIのWebサービス、もしくは略してRESTful APIと表記します。簡単のため、RESTful APIは「Webブラウザーで特定のURLにアクセスすると、jsonが返る（ブラウザーに表示される）」動作のこと、といただければ充分ですので難しく考える必要はありません。

3.本書は、「テスト駆動で簡単なWebアプリケーションを作る」の観点での解説となります。対して、「Azure無料プランで作る！初めてのWebアプリケーション開発」本では、「Webアプリケーションを作成してAzure上に公開する」の観点で解説しております。

4.次のURLにて、Creative Commons Attribution-NonCommercialのライセンスで公開されている本になります。http://azu.github.io/promises-book/

必要となります。

必要な道具

1．クレジットカード、Short Message Service（以降、SMSと略記）が利用可能な携帯電話

Azureのアカウント作成時の個人認証に必要です。携帯電話は、SMSが利用可能であればフューチャーフォン（ガラケー）でもスマートフォンでもタブレットでも問題ありません。クレジットカードの登録を行いますが、料金が発生しないコースを選択するので、実際の支払いは発生しません。

インストール必須なアプリケーション

2．Node.js

https://nodejs.org/ja/

ローカル環境での、Node.jsのソースコードの動作の確認に必要です。

3．GitHub Desktop

https://desktop.github.com/

GitHubへのかんたんなコミット操作のためにおすすめです[5]。

作成が必要なアカウント

4．GitHub（無料枠）

https://github.com/

作成したWebアプリケーションのソースコードの管理とAzureへの紐づけを行います。

5．Microsoft Azure （無料枠）

https://azure.microsoft.com/ja-jp/

作成したWebアプリケーションの公開用クラウドスペースです。

ローカル環境での開発で利用するアプリケーション

6．cURL (curl.exe)

https://curl.haxx.se/download.html

コマンドラインからhttp通信（GET/POST/）を行うツールです。ブラウザーで代替可能ですが、あると便利です。

5.Github Desktop 以外にも、SourceTree や git for windows など様々な Git クライアントツールがありますので、好みのものをお使いいただいて構いません。

あると便利なアプリケーション

7．Microsoft Visual Code

https://code.visualstudio.com/

Node.jsのコーディングを行います。任意のエディタで代替できますが、おすすめします。

8．DB Browser for SQLite Windows

http://sqlitebrowser.org/

SQLiteデーターベースの内容をグラフィカルに参照することができます。コマンドラインから参照で操作上の問題はありませんが、あると便利です。

利用するテスト用のフレームワークとライブラリについて

本書では、Mochaフレームワークを用いてテストコードを作成します。動作検証にはChaiライブラリを、スタブ作成にはSinonライブラリを用います。非同期のテストにおける取り回しを容易にするため、promise-test-helperライブラリも用います。

サンプルのソースコードについて

本書でのサンプルの記載は、多くの場合はキーとなるコード部分の抜粋となります。サンプルコードの全体は次のサポートページで公開しています。実際に動作確認を行う際には、GitHub側のソースコードを利用してください。

https://github.com/hoshimado/tdd-azure-book

免責事項

本書に記載された内容は、情報の提供のみを目的としています。したがって、本書を用いた開発、製作、運用は、必ずご自身の責任と判断によって行ってください。これらの情報による開発、製作、運用の結果について、著者はいかなる責任も負いません。

表記関係について

本書に記載されている会社名、製品名などは、一般に各社の登録商標または商標、商品名です。会社名、製品名については、本文中では©、®、™マークなどは表示していません。

底本について

本書籍は、技術系同人誌即売会「技術書典4」で頒布されたものを底本としています。

第1章　ライフログを記録するWebアプリケーションのサーバー側のテストを作成する

本書では「ライフログを記録するWebアプリケーション」（以降、Webアプリと略記）を作りながら、テスト駆動で設計と実装を行う様を紹介します。

Webアプリは、起床時と就寝時にボタンを押すことで時刻を記録する簡単なアプリとします。ライフログはサーバー側にSQLiteデーターベースを設けて記録します。

不特定多数にアプリを公開することを考えると、データーベースの容量を考慮して「利用ユーザー数」をサーバー側で管理することが必要です。本書では、解説を簡単にするため、「ユーザー数」を「管理用SQLデーターベースに記録する」ことで管理します。これにより、少なくとも次のふたつの機能が必要です。

・新規ユーザーの登録を受け付けて管理用データーベースに記録する。
・登録済みのユーザーを削除する。

では、このサーバー側の機能を**テストで**表現してみましょう。MochaとChaiとSinonを利用しますが、それぞれの詳しい説明は後回しとして、「こんな風に表現できる」というポイントで解説します。

本章では、サンプルのテストコードの概要を紹介します。記載したサンプルコードを用いた実際のテストの実行方法と結果については、第2章「サーバー側の機能を実装して、テストをpassさせる」を参照ください。

1.1　ユーザー登録機能のテストを設計する

ひとつめの「ユーザーの新規登録」から設計を行います。ここでは、必要なデーターはPOSTメソッドの形式で渡されてくるものとします。少なくとも“新規ユーザー名”と“認証用のパスワード”が、入力データーとして必要でしょう。この機能の実装に必要な動作を書き出すと、次のようになります。

・新規ユーザーの登録を受け付けて、管理用データーベースに記録する。
　―ユーザーが新規ユーザーだった場合、管理用データーベースにユーザーとパラメータを記録する。
　―ユーザー数が上限値と等しいか、もしくは超えている場合は、「上限に達しました」の応答を返す。

次に、この機能の設計をテストコードで表現してみます。「ユーザーの新規登録」を提供する関数を「api_v1_activitylog_signup()」と仮定し、POSTデーターで新規ユーザー名が「username」で、認証用のパスワードが「passkey」で渡されてくるとして関数の呼び出し方を考えると、リスト1.1のようになります[1]。it()はMochaフレームワークでのテストケースの書く方法ですが、後ほど説明します。

リスト1.1: api_v1_activitylog_signup()の呼び出し

```
it("正常系：新規ユーザー追加", function(){
    var queryFromGet = null;
    var dataFromPost = {
        "username" : "nyan1nyan2nyan3nayn4nayn5nyan6ny",
        "passkey"  : "cat1cat2"
    };
    api_v1_activitylog_signup( queryFromGet, dataFromPost )
});
```

「ユーザーが新規ユーザーだった場合、管理用データーベースにユーザーとパラメータを記録する」のテストケースを考えます。リスト1.1で、「ユーザー新規登録」を行う関数api_v1_activitylog_signup()を呼び出した後に、先に書き出した「動作」が行われたか？を検証するテストコードを書きます。検証を支援するライブラリとしてchaiを採用します。chaiライブラリは、「assert()」でtrue/falseを、「expect()」で期待値を、検証できます。「ユーザー新規登録」で利用する次の機能は、別の関数として作成するものとします。

- createPromiseForSqlConnection()- データーベースとの接続を開く
- isOwnerValid()- 登録済みのユーザーとして認証できるか否かを返す
- addNewUser()- ユーザー名と認証用パスワードをセットにしてデーターベースに新規挿入する
- closeConnection()- データーベースとの接続を閉じる

このとき、「ユーザー新規登録」の「動作を検証する」とは「これらの関数を期待した引数で呼び出したか？」になります。テストコードで表現するとリスト1.2のようになります。ここで、「stubs.sql_parts」は「ユーザー新規登録」の関数が呼び出す「別の関数」のスタブですが、後ほど説明します。

1. また実際には、呼び出し前にアサーション利用のための追加準備が追加で必要ですが、ここでは省略しています。後の節で補足します。

リスト1.2: api_v1_activitylog_signup()の検証例その1

```
assert(
    stubs.sql_parts.createPromiseForSqlConnection.calledOnce
);
assert( stubs.sql_parts.isOwnerValid.calledOnce );
assert( stubs.sql_parts.addNewUser.calledOnce );
assert( stubs.sql_parts.closeConnection.calledOnce );

expect( stubs.sql_parts.addNewUser.getCall(0).args[0] )
.to.equal( TEST_CONFIG_SQL.database );
expect( stubs.sql_parts.addNewUser.getCall(0).args[1] )
.to.equal( dataFromPost.username );
expect( stubs.sql_parts.addNewUser.getCall(0).args[2] )
.to.equal( EXPECTED_MAX_LOGS_FOR_THE_USER );
expect( stubs.sql_parts.addNewUser.getCall(0).args[3] )
.to.equal( dataFromPost.passkey );

expect( result ).to.have.property( "jsonData" );
expect( result.jsonData ).to.have.property( "signuped" );
expect( result.jsonData.signuped ).to.deep.equal({
    "device_key" : dataFromPost.username,
    "password"   : dataFromPost.passkey
});
expect( result ).to.have.property( "status" ).to.equal( 200 );
```

assert()やexpect()、getCall()は詳しく後ほど説明しますので、ここでは「期待した関数が呼び出されたか？」、「その引数は期待した値か？」、「返却された実行結果resultは期待したフォーマットと値だったか？」を検証している、と大雑把に捉えてください。「期待した呼び出しを行ったか？その結果として期待値を返却したか？」を検証しているので、これは「こういう内部動作をすること。こういう結果を返すこと。」という設計と見なすことができます。

次に、「ユーザー数が上限を超えている場合」のテストコードを考えます。すると、ひとつ気付くことがあります。上限数を越えているいるか？の判断が必要なので、先ほどの「別の関数として作成する」とした一覧には「登録済みのユーザー登録数を返す」関数を追加する必要がある、ということです。

ひとつ目のテストコードの検証内容には、「登録済みユーザー数」に関する検証がないので、そのテストを満たしたコードは「ユーザー数が上限を超えていてもOK応答が返る」事になります。これは「ユーザー数が上限を超えている場合はNG応答」と矛盾しますので、ひとつ目の機能の設計は次のように修正する必要があります。

- 新規ユーザーの登録を受け受け付けて管理用データーベースに記録する。
  - ユーザーが新規ユーザーであり、**かつユーザー数が上限未満の場合**は、管理用データーベースにユーザーとパラメータを記録する。
  - ユーザー数が上限値と等しいか、もしくは超えている場合は、「上限に達しました」の応答を返す。

そこで、ふたつ目のテストコードに進む前に、ひとつ目のテストコードの不足分を修正します。このように設計をテストコードで表現することで、設計の漏れに気づくことが出来ます。別の関数として作成予定の一覧に「getNumberOfUsers()」を追加します。

- createPromiseForSqlConnection()- データーベースとの接続を開く
- isOwnerValid()- 登録済みのユーザーとして認証できるか否かを返す
- getNumberOfUsers()-**登録済みのユーザー数を返す**
- addNewUser()- ユーザー名と認証用パスワードをセットにしてデーターベースに新規挿入する
- closeConnection()- データーベースとの接続を閉じる

テストコードにも、「getNumberOfUsers()を呼び出したか？」の検証を追加します。するとリスト1.3のようになります。

リスト 1.3: api_v1_activitylog_signup()の検証例その２

```
assert(
    stubs.sql_parts.createPromiseForSqlConnection.calledOnce
);
assert( stubs.sql_parts.isOwnerValid.calledOnce );
assert( stubs.sql_parts.getNumberOfUsers.calledOnce );
assert( stubs.sql_parts.addNewUser.calledOnce );
assert( stubs.sql_parts.closeConnection.calledOnce );

expect( stubs.sql_parts.addNewUser.getCall(0).args[0] )
.to.equal( TEST_CONFIG_SQL.database );
expect( stubs.sql_parts.addNewUser.getCall(0).args[1] )
.to.equal( dataFromPost.username );
expect( stubs.sql_parts.addNewUser.getCall(0).args[2] )
.to.equal( EXPECTED_MAX_LOGS_FOR_THE_USER );
expect( stubs.sql_parts.addNewUser.getCall(0).args[3] )
.to.equal( dataFromPost.passkey );

expect( result ).to.have.property( "jsonData" );
```

```
expect( result.jsonData ).to.have.property( "signuped" );
expect( result.jsonData.signuped ).to.deep.equal({
    "device_key" : dataFromPost.username,
    "password"   : dataFromPost.passkey
});
expect( result ).to.have.property( "status" ).to.equal( 200 );
```

ふたつ目の「ユーザー数が上限値に等しいか、もしくは超えている場合は、『上限に達しました』の応答を返して、新規ユーザー登録はしない」場合のテストケースに進みます。リスト1.3の場合とは異なり「新規ユーザー登録はしない」なので、addNewUser()の呼び出しの検証を「1度だけ呼び出す」から「1度も呼ばないこと」へ変更します。登録としては「失敗」となるので、戻り値が「200（成功）」では不自然ですので、これを「403（拒否）」へ変更します。これらの2か所を変更した検証コードが、ふたつ目のテストコードであるリスト1.4となります。

リスト1.4:

```
assert(
    stubs.sql_parts.createPromiseForSqlConnection.calledOnce
);
assert( stubs.sql_parts.isOwnerValid.calledOnce );
assert( stubs.sql_parts.getNumberOfUsers.calledOnce );
expect( stubs.sql_parts.addNewUser.callCount )
.to.equal( 0, "addNewUser()が呼ばれてないこと" );
assert( stubs.sql_parts.closeConnection.calledOnce );

expect( result ).to.have.property( "jsonData" );
expect( result.jsonData ).to.have.property( "errorMessage" );
expect( result.jsonData.errorMessage )
.to.equal("the number of users is over.");
expect( result ).to.have.property( "status" )
.to.equal( 403 );
```

登録済みのユーザーの判定タイミングについて

本サンプルでは、次のステップで「新規ユーザーを登録」します。

1. isOwnerValid()- 登録済みのユーザーでなければ、
2. getNumberOfUsers()- 且つ、上限ユーザー数に達していなければ、
3. addNewUser()- ユーザー情報をデーターベースに新規挿入する

「重複ユーザーの登録を禁止する」ことは、isOwnerValid()で既存ユーザーをチェックせずともSQLiteデーターベース側のテーブルでユーザー識別子のカラムに「UNIQUE」属性を指

定することで実現できるので、実際には不要でしょう（重複ユーザー情報の新規挿入を試みた場合はaddNewUser()でエラーが返ることから判断できます）。また、上限数の判定と新規挿入はアトミック性が必要なのでロックをかけて実行すべきでしょう。

しかし、本サンプルのステップ動作は「実装する ⇒ テストを実行する ⇒ 期待した**失敗**になる／予期せぬ**失敗**になる／**成功**になる」の実施例を示すのに都合が良いので、本書では本サンプルを用いて説明いたします。

ここまで、具体的なテストコードがどのような表現になるのかを実際のコードを用いて概観してきました。以降、先の「新規ユーザー登録に成功するケース」リスト1.3で用いたテストの記法について、詳しく説明していきます。

テストコードは「実行の管理と、実行結果の検証」からなります。「実行の管理」を行う部分を、「テスト対象コードを呼び出すもの」という観点から「テストドライバー」と呼びます[2]。「実行結果の検証」を行う部分を、「アサーション」と呼びます。本書で扱うテストコードでは、テストドライバーにはMochaフレームワークを、アサーションにはChaiライブラリを用います。テスト実行時にテスト対象外の外部環境（対象関数の内部で呼び出す別の関数など）の応答の構築は「スタブ関数」を用いると楽ですが、このスタブ関数の作成にはsinonライブラリを用います。これを図にすると図1.1のようになります。

図1.1: テストドライバーと検証と被テスト関数と、スタブ（擬似的外部環境）

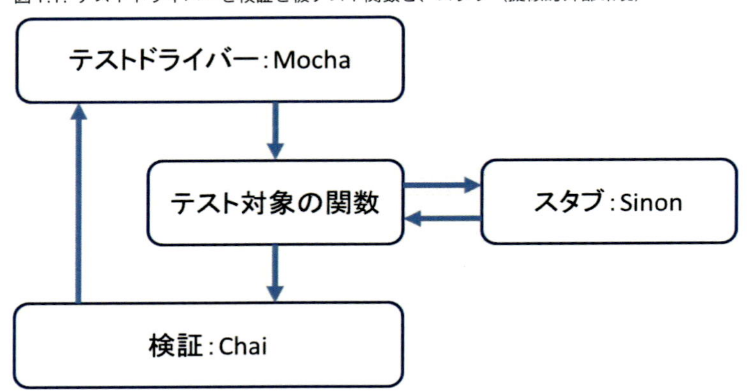

まず、Chaiライブラリを用いた検証の表現を解説します。

検証は、次の2つからなります。

1. 関数の実行結果が、期待値であることを検証する。
2. 関数が呼び出した外部関数への入力値が、期待値であることを検証する。

2. テストドライバーを実行するもう一つ上の観点から「テストランナー」という呼称もよく使われます。

前者はChaiライブラリ単体で出来ますが、後者はSinonライブラリの提供する「スタブ関数の呼び出され方を記録する機能」とChaiライブラリを組み合わせることで実現できます。Chaiの観点からSinonの機能の一部を利用した検証方法を説明した後に、Sinonライブラリ自体の使い方（スタブ関数の作り方）も説明します。

chaiライブラリを用いると「SQLデーターベースへの接続関数`createPromiseForSqlConnection()`が一度は呼ばれること」をリスト1.5のように表現できます。これは「`stubs.sql_parts`配下の関数`createPromiseForSqlConnection()`が一度だけ呼ばれた時にtrueになるプロパティ`calledOnce`を、`assert()`を用いて確認」しています。「`calledOnce`」はSinonライブラリが提供するプロパティで、「`assert()`」はChaiライブラリが提供する関数です。

この関数が1回だけ呼ばれていれば「OK」を、2回以上呼ばれたり、1回も呼ばれなかった場合は「NG」を、ChaiライブラリがMochaライブラリへ伝えます。MochaフレームワークはChaiライブラリからの返却が全て「OK」なら「テスト成功（pass)」と、ひとつでも「NG」があった場合には「テスト失敗（fail)」と判断し、画面に表示します。

リスト1.5: createPromiseForSqlConnection()の呼び出し検証

```
assert(
    stubs.sql_parts.createPromiseForSqlConnection.calledOnce
);
```

「`addNewUser()`関数が、引数0番目は`TEST_CONFIG_SQL.database`で呼び出されること」であれば、リスト1.6のようになります。「`getcall()`」は呼び出し時の引数を取得するsinonライブラリの機能です。「`to.equal()`」は「その値が何と等しくあるべきか」を検証するchaiライブラリの機能です。それぞれのライブラリの機能と使い方は後ほど解説します。

リスト1.6: createPromiseForSqlConnection()の呼び出し検証

```
    expect( stubs.sql_parts.addNewUser.getCall(0).args[0] )
    .to.equal( TEST_CONFIG_SQL.database );
```

「実行結果の返却値resultが、プロパティstatusを持ち、且つ、値が200であること」であれば、リスト1.7のようになります。

リスト1.7: 返却値の検証

```
    expect( result ).to.have.property( "status" ).to.equal( 200 );
```

このように、ChaiライブラリとSinonライブラリを用いることでテストコード自体を「この関数は、××という応答をすること」という**仕様書のように書ける**ことが分かると思います。

続いて、これまで見てきた「実行結果を検証する」の記述の前段階となる「実行の管理（テストドライバー）」側を見ていきます。本節の冒頭にて、テストドライバーによる被テスト関数の呼び出しをリスト1.1のように記述しました。実際のテストケースでは、被テスト関数から呼び出される関数の応答をテストケースに合わせて規定するとともに、その呼び出しの様子を記録して先の「検証」のところで参照できるように仕掛ける必要があります。これは、スタブ関数を作成して呼び出し先を差し替えることで実現します。スタブ関数の作成を容易にするためSinonライブラリを用います。具体例としてはリスト1.8のように「前準備」を行った後にapi_v1_activitylog_signup()を呼び出します。

リスト1.8: スタブ化の準備

```
it("正常系：新規ユーザー追加", function(){
    var EXPECTED_MAX_LOGS_FOR_THE_USER = 256
    var queryFromGet = null;
    var dataFromPost = {
        "username" : "nyan1nyan2nyan3nayn4nayn5nyan6ny",
        "passkey"  : "cat1cat2"
    };
    var api_v1_activitylog_signup
     = activitylog.api_v1_activitylog_signup;

    stubs.sql_parts.createPromiseForSqlConnection
    .onCall(0).returns( Promise.resolve() );
    stubs.sql_parts.closeConnection
    .withArgs( TEST_CONFIG_SQL.database )
    .returns( Promise.resolve() );
    stubs.sql_parts.isOwnerValid.onCall(0).returns(
        Promise.reject({
            "isDevicePermission" : false,
            "isUserExist" : false
        })
    );
    stubs.sql_parts.getNumberOfUsers
    .withArgs( TEST_CONFIG_SQL.database ).returns(
        Promise.resolve( 15 ) // 登録済みのユーザー数
    );

    // ～中略～

    return shouldFulfilled(
        api_v1_activitylog_signup(
```

```
            queryFromGet, dataFromPost
        )
    );
});
```

関数api_v1_activitylog_signup()は、先に設計したように次の「別定義した関数」を内部で呼び出しますが、「前準備」ではそれらの関数の応答を準備します。

- createPromiseForSqlConnection()- データーベースとの接続を開く
- isOwnerValid()- 登録済みのユーザーとして認証できるか否かを返す
- getNumberOfUsers()- 登録済みのユーザー数を返す
- addNewUser()- ユーザー名と認証用パスワードをセットにしてデーターベースに新規挿入する
- closeConnection()- データーベースとの接続を閉じる

テストコードは、「これらの関数がABCという応答を返したときに、api_v1_activitylog_signup()がXYZという動作をすること」として書きます。後半の「api_v1_activitylog_signup()がXYZという動作をすること」は、先ほど書いた「実行結果を検証」(リスト1.3) に相当します。前半の「ABCという応答を返す」ようにするのが「前準備」です。「前準備」は、ダイレクトに「ABCという応答を返すダミー関数を作って差し替える」ことで実現します。「ABCという応答を返すダミー関数を作る」ことを「スタブ関数を作る」と言います。Sinonライブラリ[3]を用いると、リスト1.9のように容易に作ることができます。これは「sinon.stub()でスタブ関数を生成して、その応答を『1回目の呼び出しに対して、Promise.resolve()インスタンスを返却する』と設定」するコードです。作成したスタブ関数はcreatePromiseForSqlConnection()と差し替えます(差し替え方法は後述)。

リスト1.9: Sinon.jsで簡単にスタブ関数を作る

```
stubs.sql_parts = {
    "createPromiseForSqlConnection" : sinon.stub()
};
stubs.sql_parts.createPromiseForSqlConnection
.onCall(0).returns( Promise.resolve() );
```

次のコードは「引数TEST_CONFIG_SQL.databaseでの呼び出しに対して、Promise.resolve()インスタンスを返却する」closeConnectionのスタブ関数です。

3.Sinonライブラリについては、この後の節で説明します。

```
    stubs.sql_parts.closeConnection
    .withArgs( TEST_CONFIG_SQL.database )
    .returns( Promise.resolve() );
```

次のコードは「Promise.reject()のインスタンスを返却して、且つその際の引数を{ "isDevicePermission" : false, "isUserExist" : false }に設定する」isOwnerValid()のスタブ関数です。

```
    stubs.sql_parts.isOwnerValid.onCall(0).returns(
        Promise.reject({
            "isDevicePermission" : false,
            "isUserExist" : false
        })
    );
```

作成したスタブ関数を、本来の呼び出し先の関数と差し替えます。

図 1.2: 外部関数をスタブに差し替える様子

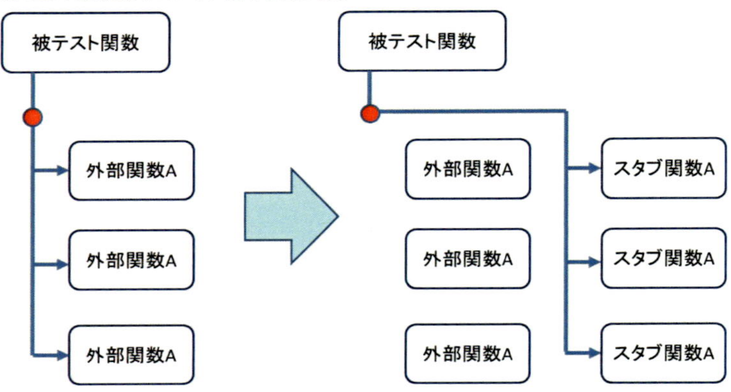

リスト 1.10: 外部I/O をフックしてスタブ関数に差し替える

```
// テスト対象のファイル側に仕掛けたHookポイント。
// それぞれのkeyに対するvalueは関数。
var createPromiseForSqlConnection = function(){ /* 略 */ };
/*
    ～略～
    */
var sql_parts = {
    "createPromiseForSqlConnection"
        : createPromiseForSqlConnection,
```

```
    "isOwnerValid" : isOwnerValid,
    "getNumberOfUsers" : getNumberOfUsers,
    "addNewUser" : addNewUser
    "closeConnection" : closeConnection
};
exports.sql_parts = sql_parts;

// テストドライバー側の差し替える記述。
// ※実際は、for 文で回して機械的に差し替える。
beforeEach(function(){ // 内部関数をフックする。
    stubs.sql_parts.createPromiseForSqlConnection
    = sinon.stub();
    // ～中略～

    activitylog.sql_parts.createPromiseForSqlConnection
    = stubs.sql_parts.createPromiseForSqlConnection;
    activitylog.sql_parts.isOwnerValid
    = stubs.sql_parts.isOwnerValid;
    activitylog.sql_parts.getNumberOfUsers
    = stubs.sql_parts.getNumberOfUsers;
    activitylog.sql_parts.addNewUser
    = stubs.sql_parts.addNewUser;
    activitylog.sql_parts.closeConnection
    = stubs.sql_parts.closeConnection;
});
afterEach(function(){
    // ここは、次のテスト（でスタブ化しないこと）を考慮して、元の関数に戻す処理を書く。
});
```

本書のサンプルでは、テスト対象のソースコード側にHookポイント「sql_parts」を設けておいて、リスト1.10のようにしてこれらの生成したスタブ関数へ差し替える（図1.2）、という操作を行っています。

beforeEach()はそれぞれのテストケースit()毎の直前に実行される関数です。このbeforeEach()で「スタブ関数に差し替える」を行って、afterEach()で「元の関数に戻す」を行うことで、テストケース毎の「差し替え」が外に漏れることを防ぎます。この仕組みにより、api_v1_activitylog_signup()をテストドライバーから実行したときに呼び出される「外部環境」の関数は、すべてスタブ関数になります。

スタブ関数へ差し替える方法について

プログラムの特定の箇所の関数の呼びだし先を別の関数へ差し替えることを、「関数をフックする」と呼びます（関数に限らず、処理を「差し替える」操作を「フックする」と呼びます）。

関数をフックするにはストラテジーパターンを用いるのがわかりやすいですが、全てをその方式でカバーするのは困難です。require()をフックする方法もありますが、ローカル関数をフックするには不足です。トランスパイラを使えば自由にフック出来ますが、被テスト対象のソースコード側に明確にHookポイントを仕込むことでも必要な範囲のフック操作には十分です。どちらの可読性が良いのかは、迷うところです。

筆者としては「明確にHookポイントを仕込む」方が、「ソースコード内で利用している、内部関数とライブラリ関数はこれらである」とソースコード上で明確に分かるので良い、と考えています。

本テストケース用にスタブ関数の応答の設定を進めると、これらの内部から呼び出す関数は非同期で動作する仕様が必要と分かります。本章の例ではPromiseオブジェクトを返却する仕様で実装します。この場合、api_v1_activitylog_signup()も非同期での動作で設計する必要があります。このため、リスト1.8の最後の部分でのapi_v1_activitylog_signup()の呼び出し部分を、本節の冒頭で示したリスト1.1と異なり、リスト1.11のようにshouldFulfilled()を用いた実行方法に変更します。

リスト1.11:

```
return shouldFulfilled(
    api_v1_activitylog_signup( queryFromGet, dataFromPost )
)
```

shouldFulfilled()は、promise-test-helperライブラリ[4]が提供する関数です。直接Promiseオブジェクトを扱うと「resolve()された場合が期待値なのか？、reject()された場合が期待値なのか？、それをMochaへ伝えるには？」も含めて毎回記述する必要があり、手間です。

そこでshouldFulfilled()を経由してその戻り値をMochaへ返却することで、1行で「resolve()が期待値であり、それ以外は全てテスト失敗」を表現することができます[5]。なお、「前準備、呼び出し、検証」の全体を含めたコード例は次の章で説明します。

1.2 Mochaとは？Chaiとは？Sinonとは？

先に進む前に、ここまでに利用したMcohaとChaiとSinonのライブラリの仕様と機能について簡単におさらいします。

4.https://github.com/azu/promise-test-helper

5.Promiseを用いた非同期実装のコードを、Mochaで扱う方法はpromise-test-helperの作者のazuさんの解説ページが分かり易いです。 http://azu.github.io/promises-book/

1.2.1　Mochaとは？

Mocha[6]とは、テストドライバー作成を支援するフレームワークです。次の機能をリスト1.12のような簡単なコードで表現することができます。

- テストしたい条件（呼び出し関数の応答の前準備と、実行結果の検証）を記述する。
- テストした結果の、「成功」（pass）と「失敗」（fail）をまとめて出力する。

リスト1.12: Mochaの基本的な記法

```
describe( "user_manager.js", function(){
    describe("::api_v1_activitylog_signup()",function(){
        beforeEach(function(){ // 内部関数をフックする。
        });
        afterEach(function(){
        });

        it("正常系：新規ユーザー追加", function(){
            // assert, or expext等
        });
    });
});
```

describeは「グルーピング」のための枠と捉えてください。テストコードは`it()`の中に記載します。実行した`it()`内のアサーション（例えばchai）が返却した「成功」、「失敗」を纏めて「実行結果」としてユーザーに表示します（図1.3図1.4）。

6.https://mochajs.org/

図 1.3: Mochaで「失敗」表示の例

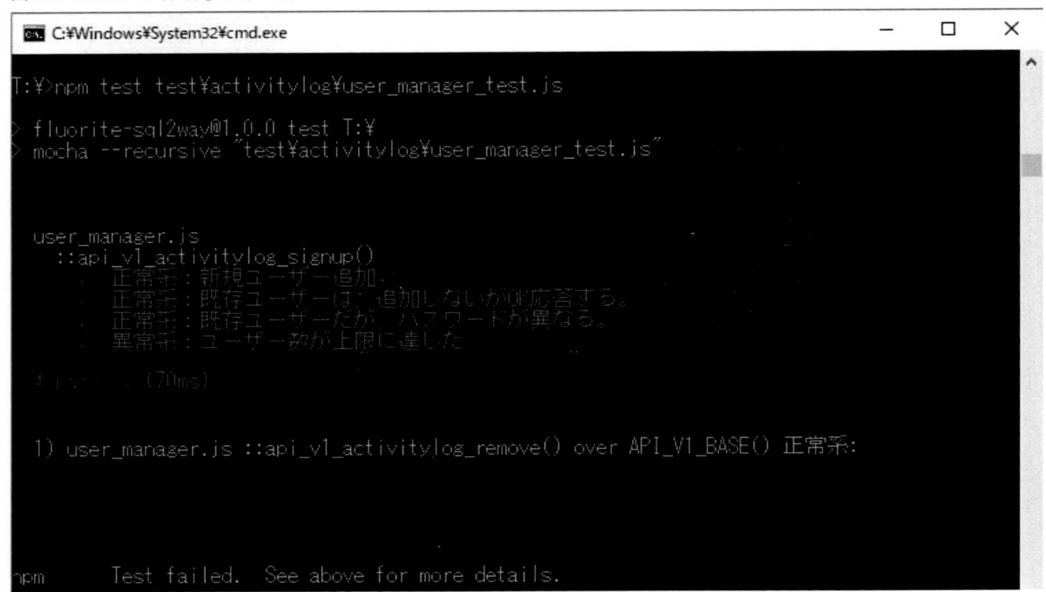

図 1.4: Mochaで「成功」表示の例

```
C:¥Windows¥System32¥cmd.exe
T:¥>npm test test¥activitylog¥user_manager_test.js

> fluorite-sql2way@1.0.0 test T:¥
> mocha --recursive "test¥activitylog¥user_manager_test.js"


  user_manager.js
    ::api_v1_activitylog_signup()
        正常系：新規ユーザー追加
        正常系：既存ユーザーは、追加しないがOK応答する。
        正常系：既存ユーザーだが、パスワードが異なる。
        異常系：ユーザー数が上限に達した

  (55ms)
```

Mochaでは一般にリスト1.13のようなフォルダ構造を取ります。mochaコマンドを実行すると、デフォルトでは「`test`」フォルダ配下にあるjavascriptファイル（`*.js`）をテストコードとして読み込み、`describe()`の記述があれば実行します。

リスト 1.13: テストコードの一般的なフォルダ構造

```
src\*  - 実装ソースコードを格納する
test\* - テストコードを格納する
```

実行するテストコードをファイル単位で指定したり、フォルダ単位で指定したりすることもできます。リスト1.14のようにサブディレクトリを作成しておき、そのサブディレクトリへの相対パスを引数に与えて「npm test .\test\activitylog」を実行することで「activitylogフォルダ配下のテストコード」だけを選択的に実行できます。「npm test」として引数無しで実行した場合は、testフォルダ配下にある全てのサブディレクトリ内のテストコードを全て実行されます[7]。

リスト1.14: テストコードの格納フォルダをサブフォルダに分ける

```
src\*   - 実装ソースコードを格納する
test\activitylog\* - ○○に関するテストコードを格納する
    \sql_db_io\*    - △△に関するテストコードを格納する
```

1.2.2 Chaiとは？

Chai[8]とは、アサーションライブラリのひとつです。「trueであるか？　値Aと等しいか？」と言った検証を行い、その結果をMochaなど[9]のテストフレームワークへ「成功 or 失敗」として伝える機能を提供します。Chaiではリスト1.15のような「検証のコードの可読性を、向上させるプロパティとメソッド」が定義されています[10]。

リスト1.15: Chaiの表現

```
    to
    and
    have
    deep
    （中略）
    equal
    property
    （・・・）
```

これを用いると、「（なんらかの実行結果の）resultの値がBであること」の検証をリスト1.16のように表現することができます。「expect()」は、Chaiが提供する「値の一致不一致の検証を行う」関数です。2行目は期待値の内容をコメントとして第2引数に追記した例です。equalの第2引数は任意です。ここに設定した内容は、検証が失敗したときに「『xxのresultが、Bであること』が失敗しました。期待と異なります」として実行結果の画面に表示されます。通常

7.「"test": "node_modules/.bin/mocha --recursive"」と「再帰的実行」(recursive) オプションを指定しておく必要があります。パスを通してある場合は、"mocha --recursive" と略記も可能です。

8.http://chaijs.com/

9.Mocha 以外にもテストフレームワークは、AVA、Jasmine など様々にあります。Chai はいずれとの組み合わせでも利用可能ですが、本書では割愛します

10.Chai の提供機能の内で、「Chains」と呼ばれるプロパティ表現。http://www.chaijs.com/api/bdd/

は無くても構いませんが「expect(result).to.equal(B)が失敗しました」では分かりにくい場合には指定すると良いでしょう。

リスト1.16: chaiライブラリでの一致検証の表現

```
    expect( result ).to.equal( B );
    expect( result ).to.equal( B, "××のresultが、Bであること" );
```

「resultがstatusプロパティを持ち、且つその値が200であること」の検証は「to have property "status" (and) to equal 200.」という文章のような表現でリスト1.17のように書けます。なお、リスト1.17のequal()も、リスト1.16と同様に、第二引数に「失敗時に表示するテキスト」を追加することができます。

リスト1.17: chaiでの検証の表現をチェインして書く例

```
expect( result ).to.have.property( "status" ).to.equal( 200 );
```

「resultがjsonDataプロパティを持ち、そのjsonDataプロパティはsignupedプロパティを持ち、そのオブジェクトは○○に等しい（オブジェクトの中身の一致」）の検証は「to have property "jsonData"」(and)「to have property "signuped" (and) to deep equal {object}」という文章のような表現でリスト1.18のように書くことができます。ここで、「deep equal」は、「オブジェクトのプロパティも値が一致している」ことを表現する表記です。オブジェクトの一致検証に便利です。

リスト1.18: chaiでの検証でオブジェクトの値一致を検証する例

```
expect( result ).to.have.property( "jsonData" );
expect( result.jsonData ).to.have.property( "signuped" )
.to.deep.equal({
    "device_key" : dataFromPost.username,
    "password"   : dataFromPost.passkey
});
// ※ここでは2つの expect()に分けて書いているが、1つにまとめることも可能。
```

単純に「true / false」を検証する場合、たとえば「stubA関数が1度呼ばれたか？」を検証する場合は、より簡単なassert()とSinonライブラリが提供するcalledOnceプロパティ（true / false値）を利用してリスト1.19のように書くことができます。

リスト1.19: chaiで、true/falseを検証する例

```
assert( stubA.calledOnce, "stubA()を1度だけ呼び出すこと" );
```

Chaiの提供する検証関数expect()、assert()は、その検証が「成功」したか「失敗」したかをMochaライブラリへ伝えます。「成功」の場合は、テストコードの次の行へ制御が進みます。it()の中のひとつ目の「失敗」が発生した時点でMochaへ制御が返されます。以降のテストコードは実行されず、次のit()の定義へ移動します。

1.2.3 Sinonとは？

Sinon[11]とは、スタブ生成を支援するライブラリのひとつです。Sinonライブラリを用いて作成したスタブ関数は、次の機能をデフォルトで持っています。

- 呼び出された際の動作を任意に設定する。
- 呼び出された回数を記録する。
- 呼び出された際に渡された引数を記録する。

Sinonライブラリを用いると、スタブ関数はリスト1.20のように1行で生成できます。

リスト1.20: Sinonライブラリによるスタブ関数の生成

```
var stubA = sinon.stub();
```

生成した時点では、このスタブ関数は何の応答も返しません。スタブ関数に「呼び出された時の動作」を設定するには、例えばリスト1.21のようにします。

リスト1.21: Sinon.jsで生成したスタブ関数に、呼び出されたらPromise.resolve()インスタンスを返却するよう動作を設定する

```
stubA.onCall(0).returns( Promise.resolve() );
```

これで、stubA()は1回目の呼び出しに対してPromise.resolve()インスタンスを返すようになります。「onCall(n)」は、n回目の呼び出し時の動作を定めるSinonライブラリのAPI（関数）です。「スタブ関数が呼び出された際の動作の定め方」はその他にも多数ありますが、これについては付録A「Sinonライブラリで良く使うAPIについて」を参照してください。

スタブ関数が被テスト関数から呼び出された回数の検証には、sinon.stub()が返すインスタンス（＝スタブ関数）が持つ次のプロパティを利用します[12]。これらは、呼び出し回数を取得するための機能です。

11.http://sinonjs.org/docs/

12.calledOnceプロパティはspiesが持つ機能です（ http://sinonjs.org/releases/v4.5.0/spies/ ）。しかし、stubsは「spiesが持つ検証目的の機能をすべて含む（ They support the full test spy API in addition to methods which can be used to alter the stub’ s behavior. ）」ので、stubsのインスタンスにおいても、calledOnceプロパティ他を同様に利用することができます（ http://sinonjs.org/releases/v4.5.0/stubs/ ）。

```
calledOnce - 一度だけ呼ばれたら true、それ以外なら false。
callCount  - 呼び出された回数。
```

これらの機能とChaiライブラリの検証機能を組み合わせたのが、先ほどのリスト1.5で記載した「実行結果を検証するアサーション」の部分で「createPromiseForSqlConnection()が一度は呼ばれること」の検証です。次のような表現です。

```
assert(
    stubs.sql_parts.createPromiseForSqlConnection.calledOnce
);
```

スタブ関数が呼び出された際の引数の検証には、sinon.stub()が返すインスタンス（＝スタブ関数）の次のメソッドを利用します[13]。

```
    getCall( n );
```

このメソッドは「呼び出された時の内容」が入ったcallオブジェクトを返却します。引数nには、「何回目の呼び出しか？」を指定します。callオブジェクトは引数が記録されたargs配列をプロパティに持ちます。したがって、たとえば次のようにすることで「1回目（0オリジン）の呼び出しの引数のひとつ目（0オリジン）がTEST_CONFIG_SQL.databaseに等しいこと」の検証を表現できます。

```
expect( stubs.sql_parts.addNewUser.getCall(0).args[0] )
.to.equal( TEST_CONFIG_SQL.database );
```

引数のふたつ目についての検証は、同様に次のように出来ます。

```
expect( stubs.sql_parts.addNewUser.getCall(0).args[1] )
.to.equal( dataFromPost.username );
```

このようにして「期待値の検証（＝こういう動作仕様の関数であってほしい）」を記述したものが、「1.1 ユーザー登録機能のテストを設計する」のリスト1.3になります。

1.3 ユーザー登録機能のテストの不足分を追加する

テストコードの実装に戻ります。ここまでの作成の様子を追う中で気づいたかもしれません

13.getCall メソッドも calledOnce プロパティ同様に spies が持つ機能です（ http://sinonjs.org/releases/v4.5.0/spies/ ）。calledOnce プロパティ同様に stubs でも利用できます。

が、現時点のテストコードには「既存ユーザーの要求はどう応答すべきか？」「既存ユーザーだったがパラメータが不正だった場合はどう応答すべきか？」などのユースケースの検討が不足しています。

先の「1.1 ユーザー登録機能のテストを設計する」で「ユーザーが新規ユーザーだった場合、管理用データーベースにユーザーとパラメータを記録する。」のテストを作成しました。その中で、リスト1.22のコードのようにisOwnerValid()の応答結果を「新規ユーザーなので登録が無い、のrejectを返す」として条件を定めました。

リスト1.22:

```
stubs.sql_parts.isOwnerValid.onCall(0).returns(
    Promise.reject({
        "isDevicePermission" : false,
        "isUserExist" : false
    })
);
```

isOwnerValid()は「登録済みのユーザーとして認証できるか否かを返す」関数として設計しているので、reject()の応答は次の2つのケースを想定しています。

1. 登録済みのユーザーではない
2. 登録済みのユーザーだが、認証がNG

前者が「新規ユーザーなので登録が無い」のケースです。後者のケースは「新規ユーザー名が既存ユーザー名と同一だったが、認証用のパスワードが異なった」であり、これは「ユーザー名が重複するため新規登録は出来ないので、『NG』を返却する」のケースになります。後者のケースの応答をテストコードで書くと次の表現になります

```
stubs.sql_parts.isOwnerValid.onCall(0).returns(
    Promise.reject({
    "isDevicePermission" : false,
    "isUserExist" : true
    })
);
```

isOwnerValid()がresolve()を返すケースは、「既存ユーザーで且つ、認証もOK」になります。ここでは、resolve(nubmberOflog)として、既存ユーザーのログ数も併せて返却することにしておきます。このテストコードはリスト1.23のような応答の表現になります。

リスト1.23:

```
stubs.sql_parts.isOwnerValid.onCall(0).returns(
    Promise.resolve(
        EXPECTED_MAX_LOGS_FOR_THE_USER
        /* ユーザー毎のログ数を返却 */
    )
);
```

このテストケースは「ユーザーが既存ユーザーだった場合、パラメータを検証してOKなら『OK』を返却する。」になります。

以上から、api_v1_activitylog_signup()に対して必要なテストケースは先の節からふたつから4つへ増えて次のようになります。

- 新規ユーザーの登録を受け受け付けて管理用データーベースに記録する。
  - ユーザーが新規ユーザーであり且つユーザー数が上限未満の場合は、管理用データーベースにユーザーとパラメータを記録する。
  - ユーザーが既存ユーザーだった場合、パラメータを検証してOKなら「OK」を返却する。
  - ユーザーが重複するユーザー名での新規登録の場合は、登録できないので「NG」を返却する。
  - ユーザー数が上限値と等しいか、もしくは超えている場合は、「上限に達しました」の応答を返す。

追加されたふたつのテストケースを表現するコードはそれぞれリスト1.24とリスト1.25のようになります。

リスト1.24: 異常系：ユーザー名が重複なので登録は出来ない

```
it("異常系：ユーザー名が重複なので登録は出来ない。", function(){
    var queryFromGet = null;
    var dataFromPost = {
        "username" : "nyan1nyan2nyan3nayn4nayn5nyan6ny",
        "passkey"  : "imposter_faker"
    };
    var api_v1_activitylog_signup
    = activitylog.api_v1_activitylog_signup;

    stubs.sql_parts.createPromiseForSqlConnection
    .onCall(0).returns( Promise.resolve() );
```

```
    stubs.sql_parts.closeConnection
    .withArgs( TEST_CONFIG_SQL.database )
    .returns( Promise.resolve() );
    stubs.sql_parts.isOwnerValid.onCall(0).returns(
        Promise.reject({
            "isDevicePermission" : false,
            "isUserExist" : true
        })
    );

    return shouldFulfilled(
        api_v1_activitylog_signup( queryFromGet, dataFromPost )
    ).then(function( result ){
        assert(
stubs.sql_parts.createPromiseForSqlConnection.calledOnce
        );
        assert( stubs.sql_parts.isOwnerValid.calledOnce );
        expect( stubs.sql_parts.getNumberOfUsers.callCount )
        .to.equal( 0, "getNumberOfUsers()が呼ばれてないこと" );
        expect( stubs.sql_parts.addNewUser.callCount )
        .to.equal( 0, "addNewUser()が呼ばれてないこと" );
        assert( stubs.sql_parts.closeConnection.calledOnce );

        expect( result.jsonData )
        .to.have.property( "errorMessage" );
        expect( result.jsonData.errorMessage )
        .to.equal("The username is already in use.");
        expect( result ).to.have.property( "status" )
        .to.equal( 409 );
    });
});
```

リスト1.25: 既存ユーザーは、追加しないがOK応答する。

```
it("正常系：既存ユーザーは、追加しないがOK応答する。", function(){
    var EXPECTED_MAX_LOGS_FOR_THE_USER = 256
    var queryFromGet = null;
    var dataFromPost = {
        "username" : "nyan1nyan2nyan3nayn4nayn5nyan6ny",
        "passkey"  : "cat1cat2"
    };
    var api_v1_activitylog_signup
```

```
    = activitylog.api_v1_activitylog_signup;

    stubs.sql_parts.createPromiseForSqlConnection
    .onCall(0).returns( Promise.resolve() );
    stubs.sql_parts.closeConnection
    .withArgs( TEST_CONFIG_SQL.database )
    .returns( Promise.resolve() );
    stubs.sql_parts.isOwnerValid.onCall(0).returns(
        Promise.resolve( EXPECTED_MAX_LOGS_FOR_THE_USER )
    );

    return shouldFulfilled(
        api_v1_activitylog_signup( queryFromGet, dataFromPost )
    ).then(function( result ){
        assert(
            stubs.sql_parts
            .createPromiseForSqlConnection.calledOnce
        );
        assert( stubs.sql_parts.isOwnerValid.calledOnce );
        assert( stubs.sql_parts.getNumberOfUsers.notCalled );
        assert( stubs.sql_parts.addNewUser.notCalled );
        assert( stubs.sql_parts.closeConnection.calledOnce );

        expect( result ).to.have.property( "jsonData" );
        expect( result.jsonData ).to.have.property( "signuped" );
        expect( result.jsonData.signuped ).to.deep.equal({
            "device_key" : dataFromPost.username,
            "password"   : dataFromPost.passkey,
            "left" : EXPECTED_MAX_LOGS_FOR_THE_USER
            // isOwnerValid()が返した数値
        });
        expect( result ).to.have.property( "status" )
        .to.equal( 200 );
    });
});
```

isOwnerValid()の応答に応じて、その後に続く関数の呼び出し方も変わっている様子が、「検証」の部分から分かると思います。それぞれのテストケースは「この条件での実行時には、こんな応答をすること」を定めているので、つまり、「テスト対象の関数api_v1_activitylog_signup()の設計の表現」と言うことができます。これが「テストコードで設計仕様」という意図です。そして、本章で見てきたように実際の動作を想定したスタブ関数を書いていく中で、「この条件に対する考慮が漏れていた」と気付けるところが、この「テスト駆動開発」手法のメリットのひとつです。

なお、厳密には「スタブ関数の呼び出し順序」もテストすべきですが、本筋ではないので本書では省略します。

1.4　ユーザー削除機能のテストを設計する（重要度に応じてPendingを利用する）

「ユーザー削除」の機能を設計します。必要な機能を書き出すと、次のようになります。

・登録済みのユーザーを削除する。
　―削除要求のユーザーのパラメータを検証してOKなら、削除を実行する。

このテストケースをコードで表現します。削除の関数`api_v1_activitylog_remove()`が呼ばれた時の動作は、次になります。

1. SQLデーターベースへの接続
2. ユーザーのパラメータ検証
3. ユーザーのログをすべて削除
4. 管理用データーベースからユーザーを削除
5. データーベースから切断

「ユーザー削除」で利用する次の機能は、別の関数として作成するものとします。先の「1.1 ユーザー登録機能のテストを設計する」で「別の関数」としてリストアップしたものに対して、`deleteActivityLogWhereDeviceKey()`,`getNumberOfLogs()`,`deleteExistUser()`が追加で必要となります。なお、`addNewUser()`などはこの関数内では不要です。

・`createPromiseForSqlConnection()`- データーベースとの接続を開く
・`isOwnerValid()`- 登録済みのユーザーとして認証できるか否かを返す
・deleteActivityLogWhereDeviceKey() - ユーザーのログデーターを削除する
・getNumberOfLogs() - ユーザーのログデーター数を返す
・deleteExistUser() - 登録済みユーザーを削除する
・`closeConnection()`- データーベースとの接続を閉じる

実行結果を返却するjsonのフォーマットも定めましょう。これをテストコードで表現すると、リスト1.26のようになります。

リスト1.26: api_v1_activitylog_remove()の正常系

```
it("正常系", function(){
    var queryFromGet = null;
    var dataFromPost = {
        "device_key" : "ユーザー識別キー",
        "pass_key" : "ユーザー毎の認証キー"
    };
    var EXPECTED_MAX_COUNT = 32;
    var EXPECTED_LAST_COUNT = 0; // これは、ゼロでなければならない。

    stubs.sql_parts.createPromiseForSqlConnection
    .withArgs( TEST_CONFIG_SQL ).returns( Promise.resolve() );
    stubs.sql_parts.closeConnection
    .onCall(0).returns( Promise.resolve() );
    stubs.sql_parts.isOwnerValid.onCall(0).returns(
        Promise.resolve( EXPECTED_MAX_COUNT )
    );
    stubs.sql_parts.deleteActivityLogWhereDeviceKey
    .onCall(0).returns(
        Promise.resolve()
    );
    stubs.sql_parts.getNumberOfLogs.onCall(0).returns(
        Promise.resolve( EXPECTED_LAST_COUNT )
    );

    // 対象ユーザーのログを削除したのち、アカウントも削除する。
    stubs.sql_parts.deleteExistUser.onCall(0).returns(
        Promise.resolve()
    );

    return shouldFulfilled(
        api_v1_activitylog_remove( queryFromGet, dataFromPost )
    ).then(function( result ){

        // 中略

        expect( stubs.sql_parts.isOwnerValid.getCall(0).args[0] )
        .to.equal( TEST_CONFIG_SQL.database );
        expect( stubs.sql_parts.isOwnerValid.getCall(0).args[1] )
        .to.equal( dataFromPost.device_key );
```

```
expect( stubs.sql_parts.isOwnerValid.getCall(0).args[2] )
.to.equal( dataFromPost.pass_key );

var deletedResponse
= stubs.sql_parts.deleteActivityLogWhereDeviceKey;
assert( deletedResponse.calledOnce,
        "SQLへのログ削除クエリー。
        deleteActivityLogWhereDeviceKey()が1度呼ばれる。" );
expect( deletedResponse.getCall(0).args[0] )
.to.equal( TEST_CONFIG_SQL.database );
expect( deletedResponse.getCall(0).args[1] )
.to.equal( dataFromPost.device_key );
expect( deletedResponse.getCall(0).args[2] )
.to.be.null; // { start, end } を指定しない。⇒全期間が対象になる。

var called_args;
assert( stubs.sql_parts.getNumberOfLogs.calledOnce,
"getNumberOfLogs()が1度だけ呼ばれる。" );
called_args
= stubs.sql_parts.getNumberOfLogs.getCall(0).args;
expect( called_args[0] )
.to.equal( TEST_CONFIG_SQL.database );
expect( called_args[1] )
.to.equal( dataFromPost.device_key );

assert( stubs.sql_parts.deleteExistUser.calledOnce,
"deleteExistUser()が1度だけ呼ばれる。" );
called_args
= stubs.sql_parts.deleteExistUser.getCall(0).args;
expect( called_args[0] )
.to.equal( TEST_CONFIG_SQL.database );
expect( called_args[1] )
.to.equal( dataFromPost.device_key );

expect( result ).to.be.exist;
expect( result ).to.have.property("status").to.equal(200);
expect( result ).to.have.property("jsonData");
expect( result.jsonData ).to.have.property( "removed" );
expect( result.jsonData.removed ).to.deep.equal({
    "device_key" : dataFromPost.device_key
});
```

```
    });
});
```

テストコードでスタブ関数の応答を設定していくと、次のようなケース分岐が浮かび上がります。

・isOwnerValid()がreject()のインスタンスを返した場合
・deleteActivityLogWhereDeviceKey()がreject()のインスタンスを返した場合
・getNumberOfLogs()が返却したresolve()の引数が ゼロでなかった場合
・deleteExistUser()がreject()のインスタンスを返した場合

しっかりとした設計と実装を行うためには、これらのテストケースを全て作成するのが望ましいですが、deleteActivityLogWhereDeviceKey()がエラーを返す頻度は低いので後回しにする、という場合もあるでしょう。本節では「後回しにする」場合の例を示します。この場合のテストコードはリスト1.27のようになります。

リスト1.27: api_v1_activitylog_remove()の正常系

```
it("正常系", function(){
    var queryFromGet = null;
    var dataFromPost = {
        "device_key" : "ユーザー識別キー",
        "pass_key" : "ユーザー毎の認証キー"
    };
    var EXPECTED_MAX_COUNT = 32;
    var EXPECTED_LAST_COUNT = 0; // これは、ゼロでなければならない。

    /* 以下略。先に示したコードと同じ */
});
it("異常系：SQLログの削除に失敗した");
it("異常系：SQLログの削除は成功を返したが、残存ログがある");
it("異常系：管理用データーベースからのユーザー削除に失敗した");
```

ここで、it()のところで、funcion(){}を設定しないのがポイントです。このように記述すると、Mochaライブラリはそのテストケースを「後回し」として扱い、テストの「成功」でも「失敗」でもなく、「pending」と表示します（図1.5）。

これにより、明確に「後から仕様を定めるべき個所。ToDo」と分かるようにマークしつつ、優先度の高いところから実装を進めることができます。

図 1.5: pending 表示の例

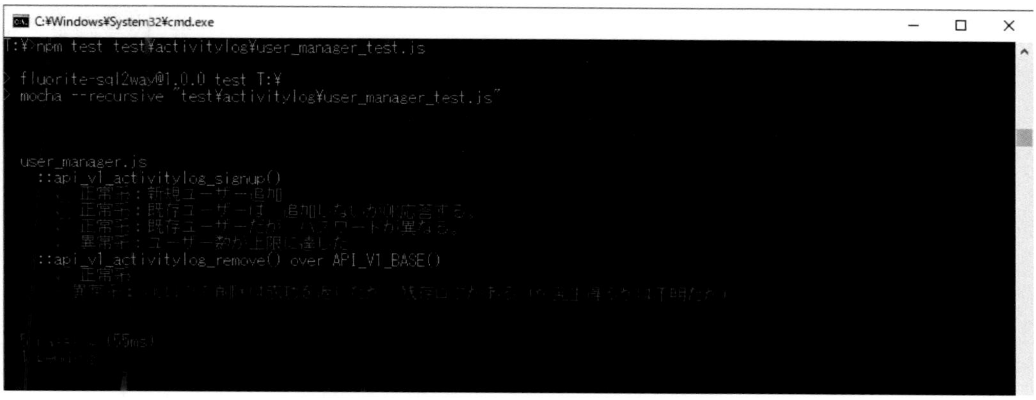

```
C:¥Windows¥System32¥cmd.exe
T:¥>npm test test¥activitylog¥user_manager_test.js

> fluorite-sql2way@1.0.0 test T:¥
> mocha --recursive "test¥activitylog¥user_manager_test.js"



  user_manager.js
    ::api_v1_activitylog_signup()
        正常系：新規ユーザー追加
        正常系：既存ユーザーは、追加しないが応答する。
        正常系：既存ユーザーだが、パスワードが異なる。
        異常系：ユーザー数が上限に達した
    ::api_v1_activitylog_remove() over API_V1_BASE()
        正常系
```

第2章　サーバー側の機能を実装して、テストをpassさせる

本章では、前章で設計したテストコードを実際に実行しながら、機能を実装します。サンプルコードの初回の「テストの実行」は、被テスト関数側が未実装なので「失敗」します。少しずつ、被テスト関数側の実装を進めながら、テストが「失敗」から「成功」へ変わっていく様を説明します。

テストのみを実装済み（被テスト対象の関数は未実装）のサンプルコード一式（リスト2.1）をサポートサイトからダウンロードして任意のフォルダに格納します。

リスト2.1: テストのみを作成済みのサンプルコードのサーバー側のファイルリスト

```
.gitignore
.vscode
db
LICENSE
package.json
README.md
server.js
src/api/activitylog/*
       /sql_db_io/*
   /app.js
   /public/
   /routes/
test/activitylog/*
    /sql_db_io/*
（一部省略）
```

続いて、動作に必要なモジュールを次のコマンドで取得します。

```
npm install
```

これでテストを実行できる環境が整いました。次の節「2.1 フォルダ構造とアプリの構成概要について」では、このサンプルコードのフォルダ構造について説明します。テストの実行へ急ぎたい方は、飛ばして「2.2 テストの実行例と最初のテスト結果」へ進んでも構いません。

2.1　フォルダ構造とアプリの構成概要について

先の章で記載したように、Mochaテストフレームワークは「src」と「test」のフォルダ構造が基本となります。テストコードはtestフォルダ配下に、実際のアプリの機能実装コードはsrcフォルダ配下に格納します。

本書の目的は「テストで設計したのち、実際にアプリを実装してAzureで公開しよう」ですので、Azureでの公開を想定したアプリの実装と構成になっています。リスト2.1のファイルリストのうちで、リスト2.2に示した「server.jsとsrcフォルダ配下」が、Webアプリケーションの実装部分です。

リスト2.2: Expressフレームワークのファイルフォルダ構成

```
server.js        ★AzureのWeb APPのエントリーポイント。
src/app.js       ★このファイル内に、routes/api_v1.js への呼び出しを記述。
    /api/activitylog/*
        /sql_db_io/*
    /public/*
    /routes/api_v1.js  ★このファイルにて、RESTful APIと
                           api フォルダ配下の機能実装を紐づける。
    /views/*
 (以下略)
```

サーバー側とクライアント側（ブラウザー側）の通信にはRESTful APIを用います。サーバー側で実装した機能（ライフログを記録）の提供は、RESTful APIを経由して提供します。RESTful API応答と、クライアント側（ブラウザー側）向けのUIを表示するHTTPサーバーの実装は、Expressフレームワークを利用します（本書でのテストの範囲からは外します）。

なお、Expressフレームワークを用いたアプリをAzureで公開するする際のフォルダとファイルの構成例と、「どのようにして機能を追加するか？」についての詳細は、付録B「Expressフレームワークの使い方」を参照ください。簡単に述べると、次のような手順でファイルとフォルダを構成します。

1. express-generatorでExpressのスケルトンを生成
2. 生成したスケルトンをリスト2.2のような構成に変更
3. test/ フォルダ配下、「ライフログを記録する機能」のテストコードを格納
4. src/api/ フォルダ配下に、「ライフログを記録する機能」を実装

これらのうち、さいごの「4.実装」以外を終えたサンプルコード一式がリスト2.1です。

2.2 テストの実行例と最初のテスト結果

サンプルコード一式のリスト2.1は、前章で設計した次の**テストケースのみ**を実装したものになります。関数自体は未だ実装していません。

・新規ユーザーの登録を受け受け付けて管理用データーベースに記録する。
　―ユーザーが新規ユーザーであり且つユーザー数が上限未満の場合は、管理用データーベースにユーザーとパラメータを記録する。
　―ユーザーが既存ユーザーだった場合、パラメータを検証してOKなら「OK」を返却する。
　―ユーザーが重複するユーザー名での新規登録の場合は、登録できないので「NG」を返却する。
　―登録済みユーザー数が上限数に等しい（か超えている）場合は、「上限に達しました」の応答を返す。
・登録済みのユーザーを削除する。
　―削除要求のユーザーのパラメータを検証してOKなら、削除を実行する。
　―削除要求が失敗する（パラメータが不正、など。未分類）

例えば、「ユーザーを新規登録」する関数「api_v1_activitylog_signup()」は、「src/api/activitylog/user_manager.js」に実装を予定していますが、リスト2.3の通り、関数「api_v1_activitylog_signup()」自体は未だ何も書いていません。その機能に対するテストコード（＝設計）のみを記述した状態です。

リスト2.3: まだ何も実装していない user_manager.js

```
/**
    * [user_manager.js]
    *
    * encoding=utf-8
    */

var lib = require("../factory4require.js");
// lib.Factory, Factory4Require としてフック用にラップする
// 関数を定義してある。
var API_PARAM = require("./api_param.js").API_PARAM;
var API_V1_BASE = require("./api_v1_base.js").API_V1_BASE;
var factoryImpl = { // require()を使う代わりに、new Factory() する。
    "sql_parts" : new lib.Factory4Require("./sql_db_io/index.js"),
};
var _SQL_CONNECTION_CONFIG = require("../sql_config.js");
```

```
factoryImpl[ "CONFIG_SQL" ]
= new lib.Factory(_SQL_CONNECTION_CONFIG.CONFIG_SQL);
factoryImpl[ "MAX_USERS"]
= new lib.Factory( _SQL_CONNECTION_CONFIG.MAX_USERS );
factoryImpl[ "MAX_LOGS" ]
= new lib.Factory( _SQL_CONNECTION_CONFIG.MAX_LOGS );

// UTデバッグ用のHookポイント。運用では外部公開しないメソッドはこっちにまとめる。
exports.factoryImpl = factoryImpl;
```

では、テストを実行してみましょう。Mochaテストを実行するには、次のコマンドラインを実行します[1]。

```
    npm test test\activitylog\user_manager_test.js
```

実行結果は、図2.1のようになります。この時点では被テスト対象の関数自体が未だありませんので、エラーになります。

1.「node_modules\.bin\mocha」と直に実行しても構いませんが、本書では前章で記載したように、npmのtestスクリプト定義を経由して実行します。

図2.1: 先ずはテストを実行してみる。被テスト対象は何も書いていない状態

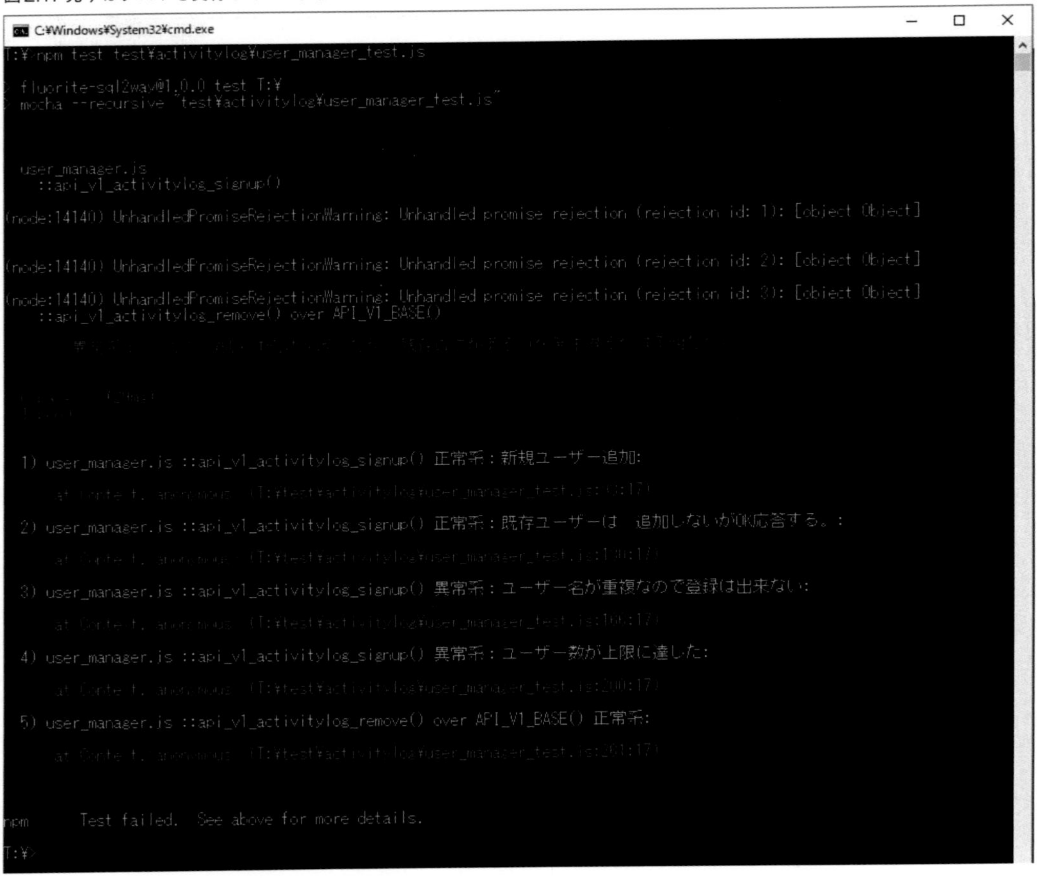

```
C:¥Windows¥System32¥cmd.exe
T:¥>npm test test¥activitylog¥user_manager_test.js

> fluorite-sql2way@1.0.0 test T:¥
> mocha --recursive "test¥activitylog¥user_manager_test.js"


  user_manager.js
    ::api_v1_activitylog_signup()
(node:14140) UnhandledPromiseRejectionWarning: Unhandled promise rejection (rejection id: 1): [object Object]

(node:14140) UnhandledPromiseRejectionWarning: Unhandled promise rejection (rejection id: 2): [object Object]

(node:14140) UnhandledPromiseRejectionWarning: Unhandled promise rejection (rejection id: 3): [object Object]
    ::api_v1_activitylog_remove() over API_V1_BASE()


  1) user_manager.js ::api_v1_activitylog_signup() 正常系：新規ユーザー追加:

  2) user_manager.js ::api_v1_activitylog_signup() 正常系：既存ユーザーは  追加しないがOK応答する。:

  3) user_manager.js ::api_v1_activitylog_signup() 異常系：ユーザー名が重複なので登録は出来ない:

  4) user_manager.js ::api_v1_activitylog_signup() 異常系：ユーザー数が上限に達した:

  5) user_manager.js ::api_v1_activitylog_remove() over API_V1_BASE() 正常系:


npm      Test failed.  See above for more details.
T:¥>
```

以降の節では、被テスト対象の関数を実装しながら、どのようにテスト結果が変化するかを見ていきます。

2.3 ユーザー登録機能を実装してテストをpassさせる

関数の枠だけ、を実装してみましょう。リスト2.4のような実装コードになります。この状態で実行するとテストの実行結果が図2.2のように変わります。

リスト2.4: 関数の枠だけを実装した user_manager.js

```
exports.api_v1_activitylog_signup = function(
    queryFromGet, dataFromPost
){
    return Promise.reject({"message": "No impl."});
};

exports.api_v1_activitylog_remove = function(
```

```
    queryFromGet, dataFromPost
){
    return Promise.reject({"message": "No impl."});
};
```

図2.2: 関数の枠だけを実装した後のテスト結果

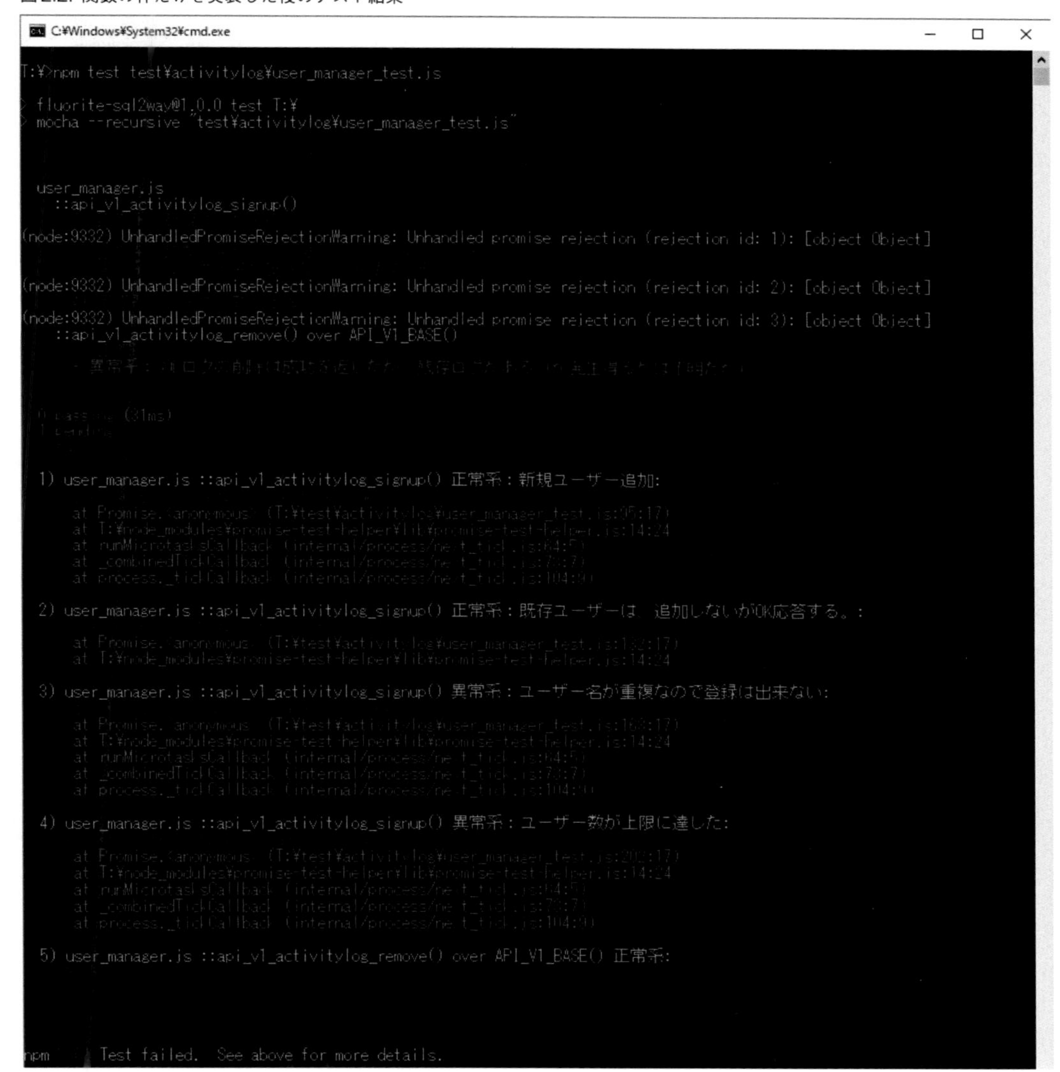

図2.2の実行結果は少々分かりにくいですが、次の部分から「createPromiseForSqlConnection()が1度も呼ばれていない」というエラーが出て、テストが「失敗」していることが分かります。

```
1) user_manager.js ::api_v1_activitylog_signup() 正常系：新規ユーザー追加:
   AssertionError: Unspecified AssertionError
    at Promise.<anonymous>
(T:\test\activitylog\user_manager_test.js:95:17)
```

このエラーは、テストコード「user_manager_test.js」のL95の検証が「失敗」したことを意味します。L95のテストコードを次のように（1行目→2行目）変更すると、図2.3のように表示が変わり、分かり易くなります。この変更は、先の章で記載した「assert()の第二引数にコメントを記述することで、何のテストが失敗したを分かり易くする」操作になります。

```
assert(
    stubs.sql_parts.createPromiseForSqlConnection.calledOnce
);
assert(
    stubs.sql_parts.createPromiseForSqlConnection.calledOnce,
    "createPromiseForSqlConnection()が呼ばれること"
);
```

図2.3: 関数の枠だけを実装した後のテスト結果、の可読性を上げる

```
C:¥Windows¥System32¥cmd.exe

T:¥>npm test test¥activitylog¥user_manager_test.js

> fluorite-sql2way@1.0.0 test T:¥
> mocha --recursive "test¥activitylog¥user_manager_test.js"


  user_manager.js
    ::api_v1_activitylog_signup()
(node:5772) UnhandledPromiseRejectionWarning: Unhandled promise rejection (rejection id: 1): [object Object]

(node:5772) UnhandledPromiseRejectionWarning: Unhandled promise rejection (rejection id: 2): [object Object]

(node:5772) UnhandledPromiseRejectionWarning: Unhandled promise rejection (rejection id: 3): [object Object]
    ::api_v1_activitylog_remove() over API_V1_BASE()


  1) user_manager.js ::api_v1_activitylog_signup() 正常系：新規ユーザー追加:
      at Promise.<anonymous> (T:¥test¥activitylog¥user_manager_test.js:95:17)
      at T:¥node_modules¥promise-test-helper¥lib¥promise-test-helper.js:14:24
      at runMicrotasksCallback (internal/process/next_tick.js:64:5)
      at _combinedTickCallback (internal/process/next_tick.js:73:7)
      at process._tickCallback (internal/process/next_tick.js:104:9)

  2) user_manager.js ::api_v1_activitylog_signup() 正常系：既存ユーザーは、追加しないがOK応答する。:
      at Promise.<anonymous> (T:¥test¥activitylog¥user_manager_test.js:132:17)
      at T:¥node_modules¥promise-test-helper¥lib¥promise-test-helper.js:14:24

  3) user_manager.js ::api_v1_activitylog_signup() 異常系：ユーザー名が重複なので登録は出来ない:
      at Promise.<anonymous> (T:¥test¥activitylog¥user_manager_test.js:168:17)
      at T:¥node_modules¥promise-test-helper¥lib¥promise-test-helper.js:14:24
      at runMicrotasksCallback (internal/process/next_tick.js:64:5)
      at _combinedTickCallback (internal/process/next_tick.js:73:7)
      at process._tickCallback (internal/process/next_tick.js:104:9)

  4) user_manager.js ::api_v1_activitylog_signup() 異常系：ユーザー数が上限に達した:
      at Promise.<anonymous> (T:¥test¥activitylog¥user_manager_test.js:202:17)
      at T:¥node_modules¥promise-test-helper¥lib¥promise-test-helper.js:14:24
      at runMicrotasksCallback (internal/process/next_tick.js:64:5)
      at _combinedTickCallback (internal/process/next_tick.js:73:7)
      at process._tickCallback (internal/process/next_tick.js:104:9)

  5) user_manager.js ::api_v1_activitylog_remove() over API_V1_BASE() 正常系:



npm      Test failed.  See above for more details.
```

前章での設計にしたがって、この関数を実装します。createPromiseForSqlConnection()で管理用データーベースに接続し、isOwnerValid()で既存ユーザーか否かを検証して新規ユーザーであれば、addNewUser()を呼び出して管理用データーベースにユーザーを登録し、最後にcloseConnection()で管理用データーベースから切断します。

これを実装したのがリスト2.5のようなコードになります[2]。

リスト2.5: api_v1_activitylog_signup()を実装してみた。その1

```
exports.api_v1_activitylog_signup = function(
```

2.factoryImplはテストコード側からのHook用の仕掛け。

```
    queryFromGet, dataFromPost
){
    var createPromiseForSqlConnection
    = factoryImpl.sql_parts.getInstance()
      .createPromiseForSqlConnection;
    var outJsonData = {};
    var config = factoryImpl.CONFIG_SQL.getInstance();

    if( !(dataFromPost.username) ){
        return Promise.resolve({
            "jsonData" : outJsonData,
            "status" : 400 // Bad Request
        });
    }
    var inputData = {
        "device_key" : dataFromPost.username,
        "pass_key"   : dataFromPost.passkey
    };


    return createPromiseForSqlConnection(
        config
    ).then(()=>{
        // 先ず既存ユーザーか否かをチェックする。
        var isOwnerValid
        = factoryImpl.sql_parts.getInstance( "isOwnerValid" );
        var is_onwer_valid_promise = isOwnerValid(
            config.database,
            inputData.device_key,
            inputData.pass_key
        );
        return is_onwer_valid_promise.catch(function(err){
            // 未登録ユーザーの場合はここに来る。
            var addNewUser
            = factoryImpl.sql_parts.getInstance().addNewUser;
            var max_count
            = factoryImpl.MAX_LOGS.getInstance();

            return addNewUser(
                config.database, inputData.device_key,
                max_count, inputData.pass_key
            );
```

```
        });
    }).then((result)=>{
        var insertedData = {
            "device_key" : inputData.device_key,
            "password"   : inputData.pass_key
        };

        if( result ){
            // 既存ユーザーだった場合は、残りの登録可能なデーター数が返却される。
            insertedData["left"] = result;
        }
        outJsonData [ "signuped" ] = insertedData;
        return Promise.resolve(200);
    }).then(( httpStatus )=>{
        var closeConnection
        = factoryImpl.sql_parts.getInstance().closeConnection;

        return new Promise((resolve,reject)=>{
            closeConnection( config.database ).then(()=>{
                resolve({
                    "jsonData" : outJsonData,
                    "status" : httpStatus
                });
            });
        });
    });
};
```

この状態でテストを実行します。すると図2.4のような結果になります。

```
npm test test\activitylog\user_manager_test.js
```

図 2.4: api_v1_activitylog_signup() を実装してみた。その 1 のテスト結果

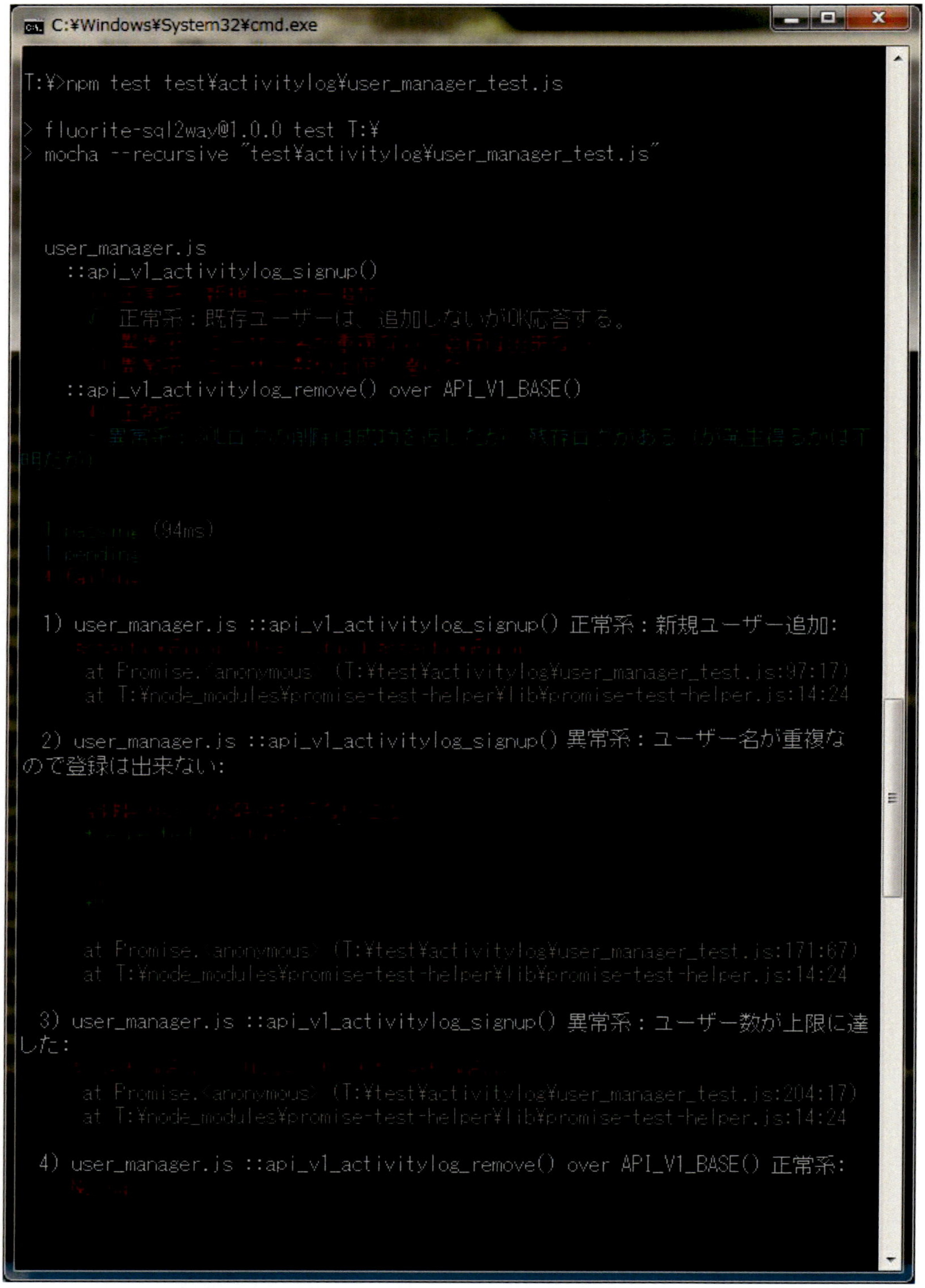

```
C:¥Windows¥System32¥cmd.exe

T:¥>npm test test¥activitylog¥user_manager_test.js

> fluorite-sql2way@1.0.0 test T:¥
> mocha --recursive "test¥activitylog¥user_manager_test.js"



  user_manager.js
    ::api_v1_activitylog_signup()
      √ 正常系：既存ユーザーは、追加しないがOK応答する。
    ::api_v1_activitylog_remove() over API_V1_BASE()


  1 passing (94ms)
  1 pending
  4 failing

  1) user_manager.js ::api_v1_activitylog_signup() 正常系：新規ユーザー追加:
      at Promise.<anonymous> (T:¥test¥activitylog¥user_manager_test.js:97:17)
      at T:¥node_modules¥promise-test-helper¥lib¥promise-test-helper.js:14:24

  2) user_manager.js ::api_v1_activitylog_signup() 異常系：ユーザー名が重複な
ので登録は出来ない:

      at Promise.<anonymous> (T:¥test¥activitylog¥user_manager_test.js:171:67)
      at T:¥node_modules¥promise-test-helper¥lib¥promise-test-helper.js:14:24

  3) user_manager.js ::api_v1_activitylog_signup() 異常系：ユーザー数が上限に達
した:
      at Promise.<anonymous> (T:¥test¥activitylog¥user_manager_test.js:204:17)
      at T:¥node_modules¥promise-test-helper¥lib¥promise-test-helper.js:14:24

  4) user_manager.js ::api_v1_activitylog_remove() over API_V1_BASE() 正常系:
```

テストが「成功」すると思いきや、次のようなエラーが出ています。

```
1) user_manager.js ::api_v1_activitylog_signup() 正常系：新規ユーザー追加:
   AssertionError: Unspecified AssertionError
    at Promise.<anonymous>
    (T:\test\activitylog\user_manager_test.js:97:17)
    at T:\node_modules\promise-test-helper
    \lib\promise-test-helper.js:14:24
```

user_manager_test.jsのL97の記述は、

```
    assert( stubs.sql_parts.getNumberOfUsers.calledOnce );
```

ですので、「getNumberOfUsers()」の呼び出しを忘れているために「失敗」したことが分かります。実装のコードを見ると、「新規ユーザーである」の判定をした後に、「登録ユーザー数の上限に達していないか？」の判定が抜けていることに気付きます。

このように、テストケースを先に作成しておくことで、実装の際の「うっかりミス」を容易に検出することができます。「登録ユーザー数の上限に達していないか？」を追加で実装すると、リスト2.6の部分がリスト2.7のようなコードになります。

リスト2.6: getNumberOfUsers()を追加すべき場所

```
return is_onwer_valid_promise.catch(function(err){
    // 未登録ユーザーの場合はここに来る。
    var addNewUser
    = factoryImpl.sql_parts.getInstance().addNewUser;
    var max_count = factoryImpl.MAX_LOGS.getInstance();

    return addNewUser(
        config.database, inputData.device_key,
        max_count, inputData.pass_key
    );
});
```

リスト2.7: getNumberOfUsers()を追加した

```
return is_onwer_valid_promise.catch(function(err){
    // 未登録ユーザーの場合はここに来る。
    return new Promise((resolve,reject)=>{
        var getNumberOfUsers
        = factoryImpl.sql_parts.getInstance().getNumberOfUsers;
```

```
        var promise = getNumberOfUsers( config.database );
        promise.then((nowNumberOfUsers)=>{
            if( nowNumberOfUsers
                < factoryImpl.MAX_USERS.getInstance()
            ){
                resolve();
            }else{
                outJsonData["errorMessage"]
                = "the number of users is over.";
                reject({
                    "status" : 403
                });
            }
        }).catch((err)=>{
            outJsonData [ "failed" ] = err;
            reject(err);
        });
    }).then(()=>{
        var addNewUser
        = factoryImpl.sql_parts.getInstance().addNewUser;
        var max_count = factoryImpl.MAX_LOGS.getInstance();

        return addNewUser(
            config.database, inputData.device_key,
            max_count, inputData.pass_key
        );
    });
});
```

このように実装を修正した状態で、テストを実行すると、図2.5のようになります。正常系のひとつ目が無事に「成功」に変わりました。

図2.5: api_v1_activitylog_signup() を実装してみた。その２のテスト結果

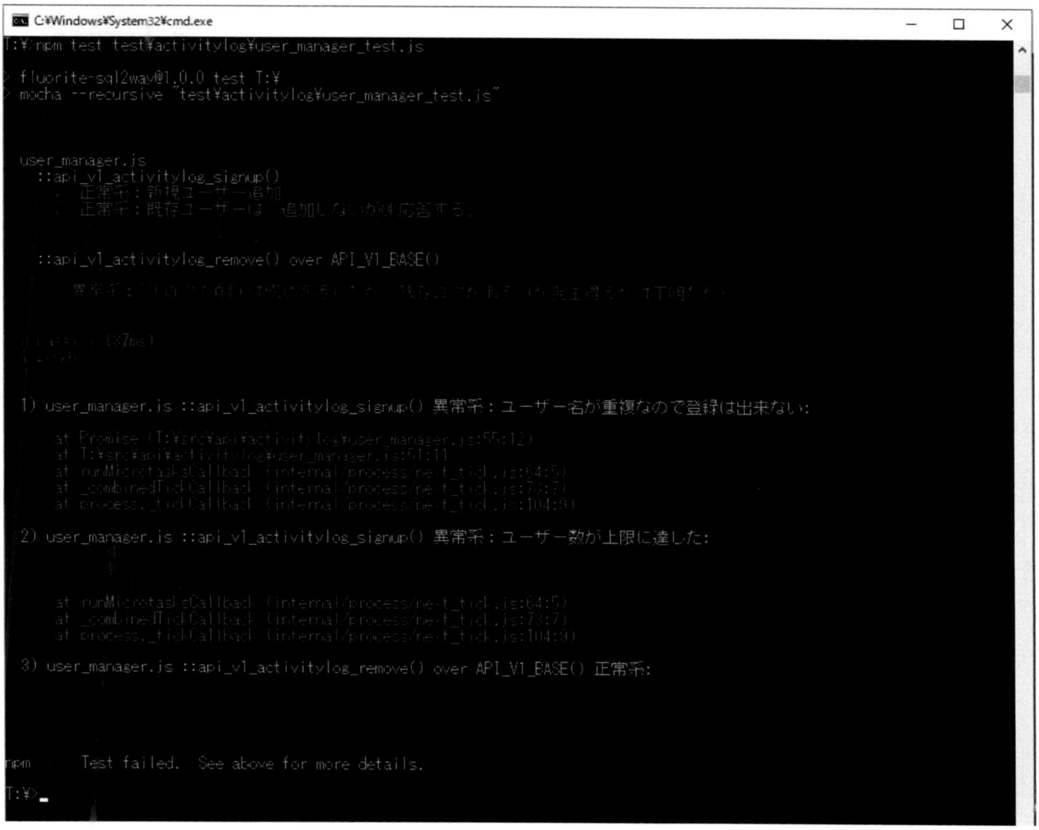

```
C:¥Windows¥System32¥cmd.exe
T:¥>npm test test¥activitylog¥user_manager_test.js

> fluorite-sql2way@1.0.0 test T:¥
> mocha --recursive "test¥activitylog¥user_manager_test.js"


  user_manager.js
    ::api_v1_activitylog_signup()
      正常系：新規ユーザー追加
      正常系：既存ユーザーは、追加しないが応答する。

    ::api_v1_activitylog_remove() over API_V1_BASE()


  1) user_manager.js ::api_v1_activitylog_signup() 異常系：ユーザー名が重複なので登録は出来ない:

  2) user_manager.js ::api_v1_activitylog_signup() 異常系：ユーザー数が上限に達した:

  3) user_manager.js ::api_v1_activitylog_remove() over API_V1_BASE() 正常系:


npm    Test failed.  See above for more details.

T:¥>_
```

さて、「異常系：ユーザー名が重複なので登録は出来ない」のテストケースが未だ「失敗」のままで残っています。エラーの内容を見ると次のようになっています。

```
1) user_manager.js ::api_v1_activitylog_signup() 異常系：ユーザー名が重複なので登録は出来ない:
   TypeError: Cannot read property 'then' of undefined
    at T:\src\api\activitylog\user_manager.js:55:12
    at T:\src\api\activitylog\user_manager.js:51:11
```

実装側の「user_manager.js」のL55とその直前のL54の部分は次のようになっています。

```
    var promise = getNumberOfUsers( config.database );
    promise.then((nowNumberOfUsers)=>{
```

テストコード「user_manager_test.js」の次の部分を見ると、`getNumberOfUsers()`に対するスタブ関数の設定はありません。スタブ関数としての動作を設定していない`getNumberOfUsers()`は**呼び出されない**ことが期待値、となります。

```
    stubs.sql_parts.isOwnerValid.onCall(0).returns(
        Promise.reject({
            "isDevicePermission" : false,
            "isUserExist" : true
        })
    );
    return shouldFulfilled(
        api_v1_activitylog_signup( queryFromGet, dataFromPost )
    )
```

したがって、「isOwnerValidがrejectオブジェクトを返却」した事だけをもって、「既存ユーザーではないので新規ユーザーである。登録上限数に収まるかの確認へ進む」としてリスト2.7のようにgetNumberOfUsers()を呼び出す実装は、誤りと分かります。そうです、前章にてテストコードにて設計した際に、「重複するユーザー名での新規登録（認証パスワード違い）は、rejectを返す」としたテストケースです。このケースを「ユーザー登録が無いので、rejectを返す（新規ユーザーのため）」と区別する必要があります。その分岐を考慮するとリスト2.7はリスト2.8のように変更する必要があります。

リスト2.8: reject()の引数に応じて動作を分岐した例

```
return is_onwer_valid_promise.catch(function(err){
    if( !err.isDevicePermission && !err.isUserExist ){
        // 未登録ユーザーの場合はここに来る。
        return new Promise((resolve,reject)=>{
            var getNumberOfUsers
            = factoryImpl.sql_parts.getInstance()
              .getNumberOfUsers;

            var promise = getNumberOfUsers( config.database );
            promise.then((nowNumberOfUsers)=>{
                if( nowNumberOfUsers
                    < factoryImpl.MAX_USERS.getInstance()
                ){
                    resolve();
                }else{
                    outJsonData["errorMessage"]
                    = "the number of users is over.";
                    reject({
                        "status" : 403
                    });
                }
```

```
        }).catch((err)=>{
            outJsonData [ "failed" ] = err;
            reject(err);
        });
    }).then(()=>{
        var addNewUser
        = factoryImpl.sql_parts.getInstance().addNewUser;
        var max_count = factoryImpl.MAX_LOGS.getInstance();

        return addNewUser(
            config.database, inputData.device_key,
            max_count, inputData.pass_key
        );
    });
  }else{
    // 登録済みユーザー名と衝突。
    outJsonData["errorMessage"]
    = "Wrong Username or Password.";
    err["status"] = 409;
    return Promise.reject(err);
  }
});
```

再度テストを実行しましょう。今度はすべて「成功」になると思いきや図2.6のようなエラーが出てしましました。これはどういうことでしょうか？

図2.6: Error: the objectとして「失敗」扱い

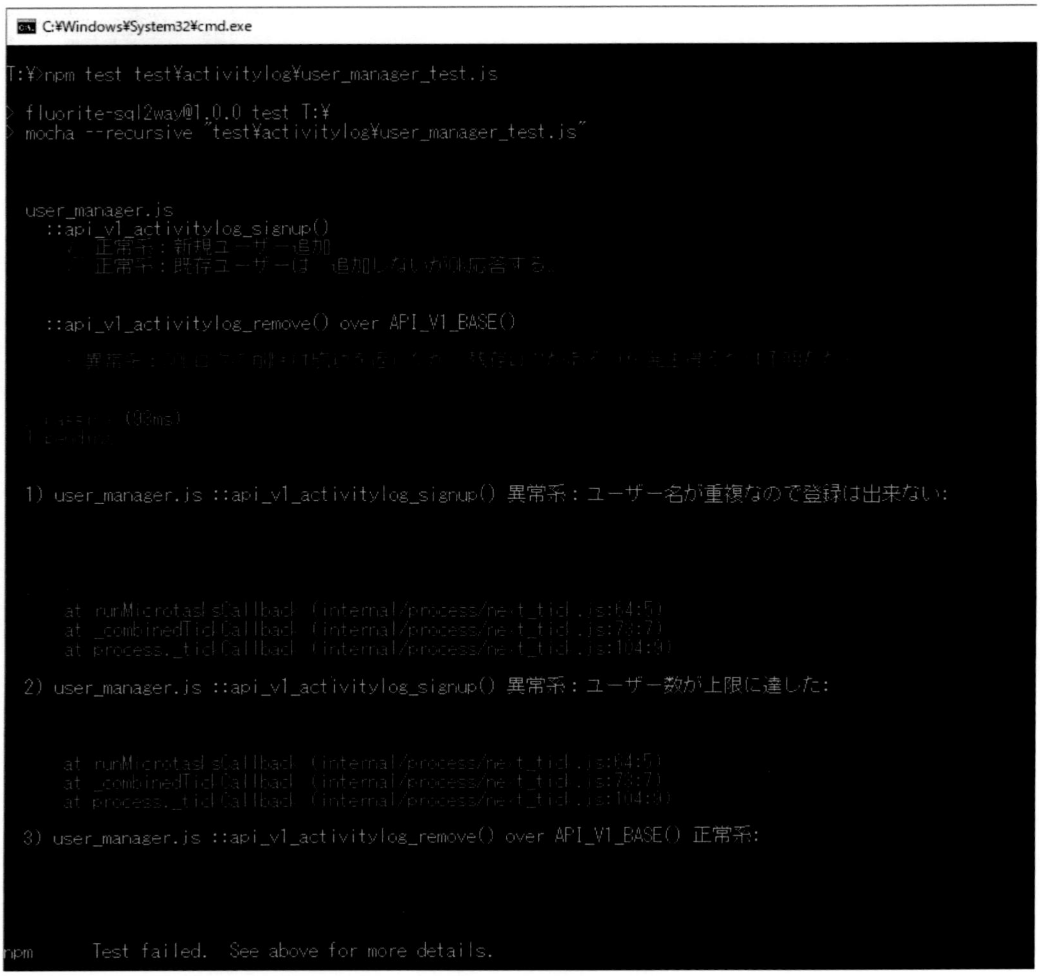

```
C:¥Windows¥System32¥cmd.exe

T:¥>npm test test¥activitylog¥user_manager_test.js

> fluorite-sql2way@1.0.0 test T:¥
> mocha --recursive "test¥activitylog¥user_manager_test.js"



  user_manager.js
    ::api_v1_activitylog_signup()
      √ 正常系：新規ユーザー追加
      √ 正常系：既存ユーザーは、追加しないがOK応答する。


    ::api_v1_activitylog_remove() over API_V1_BASE()



  1) user_manager.js ::api_v1_activitylog_signup() 異常系：ユーザー名が重複なので登録は出来ない:



      at runMicrotasksCallback (internal/process/next_tick.js:64:5)
      at _combinedTickCallback (internal/process/next_tick.js:73:7)
      at process._tickCallback (internal/process/next_tick.js:104:9)

  2) user_manager.js ::api_v1_activitylog_signup() 異常系：ユーザー数が上限に達した:


      at runMicrotasksCallback (internal/process/next_tick.js:64:5)
      at _combinedTickCallback (internal/process/next_tick.js:73:7)
      at process._tickCallback (internal/process/next_tick.js:104:9)

  3) user_manager.js ::api_v1_activitylog_remove() over API_V1_BASE() 正常系:



npm      Test failed.  See above for more details.
```

テストコードでは、

```
return shouldFulfilled(
    api_v1_activitylog_signup( queryFromGet, dataFromPost )
)
```

としているので、このテストケースでは、「api_v1_activitylog_signup()がresolveインスタンスを返却すること」を期待しています。しかしながら、実際には「Errorオブジェクト（rejectインスタンス）が投げられた」ということを、図2.6の次の部分は意味しています。

```
  1) user_manager.js ::api_v1_activitylog_signup() 異常系：ユーザー名が重複なので登録は出来ない:
     Error: the object {
```

```
  "isDevicePermission": false
  "isUserExist": true
  "status": 409
    } was thrown, throw an Error :)
```

実装したコードをよくよく見ると、次のように「then()」のみの処理しかなく、「catch()」処理がありません。直前のブロック内で「return reject();」された場合の処理の記載が抜けていることに気づきます。

```
}).then((result)=>{
    var insertedData = {
        "device_key" : inputData.device_key,
        "password"   : inputData.pass_key
    };

    if( result ){
        // 既存ユーザーだった場合は、
        // 残りの登録可能なデーター数返却される。
        insertedData["left"] = result;
    }
    outJsonData [ "signuped" ] = insertedData;
    return Promise.resolve(200);
}).then(( httpStatus )=>{
    var closeConnection = factoryImpl.sql_parts.getInstance()
                            .closeConnection;
    return new Promise((resolve,reject)=>{
        closeConnection( config.database ).then(()=>{
            resolve({
                "jsonData" : outJsonData,
                "status" : httpStatus
            });
        });
    });
});
```

抜けていた、reject()への処理を追加した実装例がリスト2.9のようになります。

リスト2.9: catch()処理を追加した例

```
}).then((result)=>{
    var insertedData = {
        "device_key" : inputData.device_key,
```

```
        "password"   : inputData.pass_key
    };

    if( result ){
        // 既存ユーザーだった場合は、
        // 残りの登録可能なデーター数返却される。
        insertedData["left"] = result;
    }
    outJsonData [ "signuped" ] = insertedData;
    return Promise.resolve(200);
}).catch((err)=>{
    var http_status = err.status ? err.status : 500;
    return Promise.resolve(http_status);
}).then(( httpStatus )=>{
    var closeConnection = factoryImpl.sql_parts.getInstance()
                        .closeConnection;
    return new Promise((resolve,reject)=>{
        closeConnection( config.database ).then(()=>{
            resolve({
                "jsonData" : outJsonData,
                "status" : httpStatus
            });
        });
    });
});
```

この状態でテストを実行すると図2.7のようになります。これで、api_v1_activitylog_signup()の実装をすべて完了しました。

図2.7: catch()も含めて実装後のテスト結果

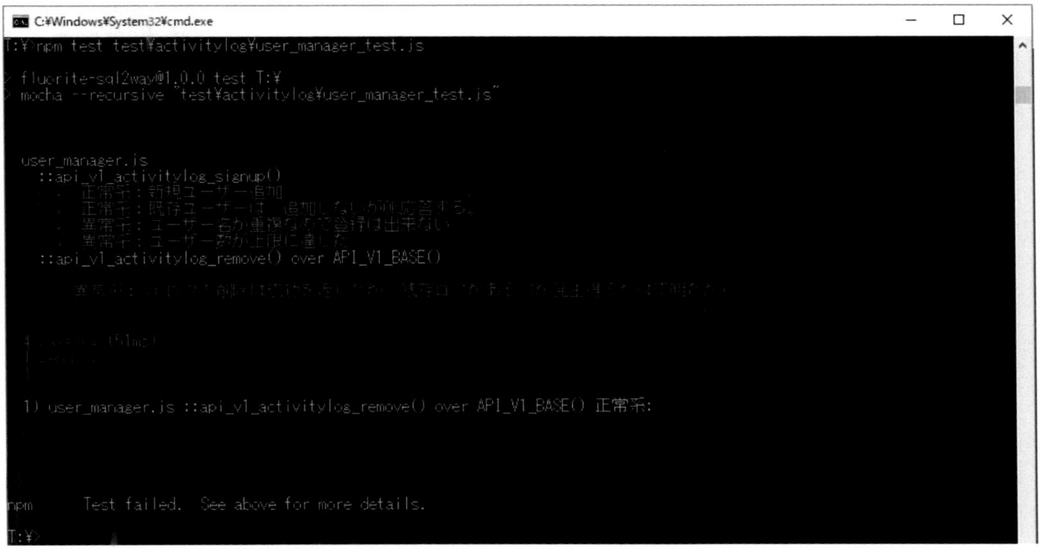

```
C:¥Windows¥System32¥cmd.exe
T:¥>npm test test¥activitylog¥user_manager_test.js

> fluorite-sql2way@1.0.0 test T:¥
> mocha --recursive "test¥activitylog¥user_manager_test.js"


  user_manager.js
    ::api_v1_activitylog_signup()
      正常系：新規ユーザー追加
      正常系：既存ユーザーは、追加しないが応答する。
      異常系：ユーザー名が重複なので登録は出来ない
      異常系：ユーザー数が上限に達した
    ::api_v1_activitylog_remove() over API_V1_BASE()


  1) user_manager.js ::api_v1_activitylog_remove() over API_V1_BASE() 正常系:


npm      Test failed.  See above for more details.
T:¥>
```

テストの全体の結果としては、「npm ERR! Test failed.」で「失敗」のテストケースが残っています。これは未実装のapi_v1_activitylog_remove()の部分です。この部分の実装コードはまだ次の通りですので、「失敗」が期待値です。

```
exports.api_v1_activitylog_remove = function( queryFromGet,
dataFromPost ){
    return Promise.reject({"message": "No impl."});
};
```

テスト結果の図2.7を見ることで、「今どこまで実装したか？」が一目瞭然になります。複数の物事を行っていると、開発と開発の間の日にちが空くことも多々あると思います。そんなとき、テストケースの作成による設計をすることで、「前回はどこまで作成した？」に迷うことが無くなります。

2.4 ユーザー削除機能を実装してテストをpassさせる

先の節での「api_v1_activitylog_signup()」の実装に続いて、本節では「api_v1_activitylog_remove()」を実装します。

さて、「api_v1_activitylog_remove()」の仕様はどう定めたのでしたでしょうか？「api_v1_activitylog_signup()」を実装しているうちに忘れていると思います（実際、本章の執筆中に筆者は忘れていました）。

そういう時は、作成してあるテストコードを見ます。前章で作成したテストコードのスタブ関数定義（リスト2.10）を見ると、「SQL接続関数を呼んで、認証して、ライフログを削除して、登録済みユーザーのデーターを削除して、SQL切断関数を呼べばよい」と直ぐに思い出せます。テストコードが仕様書代わりです。

リスト2.10: api_v1_activitylog_remove()のテストコードのスタブ関数部分

```
stubs.sql_parts.createPromiseForSqlConnection
.withArgs( TEST_CONFIG_SQL ).returns( Promise.resolve() );
stubs.sql_parts.closeConnection.onCall(0).returns(
Promise.resolve() );
stubs.sql_parts.isOwnerValid.onCall(0).returns(
    Promise.resolve( EXPECTED_MAX_COUNT )
);
// 期間指定せず、すべてのログを削除する。
stubs.sql_parts.deleteActivityLogWhereDeviceKey.onCall(0).returns(
    Promise.resolve()
);
stubs.sql_parts.getNumberOfLogs.onCall(0).returns(
    Promise.resolve( EXPECTED_LAST_COUNT )
);

// 対象ユーザーのログを削除したのち、アカウントも削除する。
stubs.sql_parts.deleteExistUser.onCall(0).returns(
    Promise.resolve()
);
```

ざっと実装してみると、リスト2.11のような実装になるでしょうか（一部抜粋）。

リスト2.11: api_v1_activitylog_remove()の実装の抜粋

```
// 関連するログデーターをすべて削除。
var deleteActivityLogWhereDeviceKey
 =
factoryImpl.sql_parts.getInstance().deleteActivityLogWhereDeviceKey;
var config = factoryImpl.CONFIG_SQL.getInstance();
var outJsonData = this._outJsonData;

// 対象ユーザーのログをすべて削除する。
return deleteActivityLogWhereDeviceKey(
    config.database,
    paramClass.getDeviceKey(),
    null
).then(()=>{
    // 対象ユーザーのログが残ってないことを確認する。
    var getNumberOfLogs
```

```
    = factoryImpl.sql_parts.getInstance().getNumberOfLogs;
    return getNumberOfLogs(
        config.database,
        paramClass.getDeviceKey()
    );
}).then((numberOfLeft)=>{
    var deleteExistUser
     = factoryImpl.sql_parts.getInstance().deleteExistUser;
    if( numberOfLeft == 0 ){
        return deleteExistUser(
            config.database,
            paramClass.getDeviceKey()
        );
    }else{
        return Promise.reject(); // 【Todo】異常系の処理は未実装。
    }
}).then(()=>{
    outJsonData["removed"] = {
        "device_key" : paramClass.getDeviceKey()
    };
});
```

この状態でテストを実行した結果が図2.8です。今回は一発でテストが「成功」しました[3]。赤文字「fail」が無くなって気分も良いですね。penddingを除く全てのテストが「pass」しましたので、これで最初に設計した仕様の範囲の、実装が出来上がりました。

次の章では、本章で実装した関数から呼び出していた（スタブで置き換えていた)、実際にSQLデーターベースへのアクセスを行う関数の設計と実装をテストベースで行う様子を説明します。

3. 実際のコード実装では、api_v1_activitylog_singup() 程度の規模と内容であれば、この節での api_v1_activitylog_remove() との実装と同様に最初から一発で「全てのテストコードを pass」することも多いと思います。しかし、コードの規模が大きくなっていくと、一回ですべての正常系と異常系を実装しきるということは少ないと思います。なので、本章ではあえて「途中まで実装」の様子を api_v1_activitylog_signup() では描画しています。

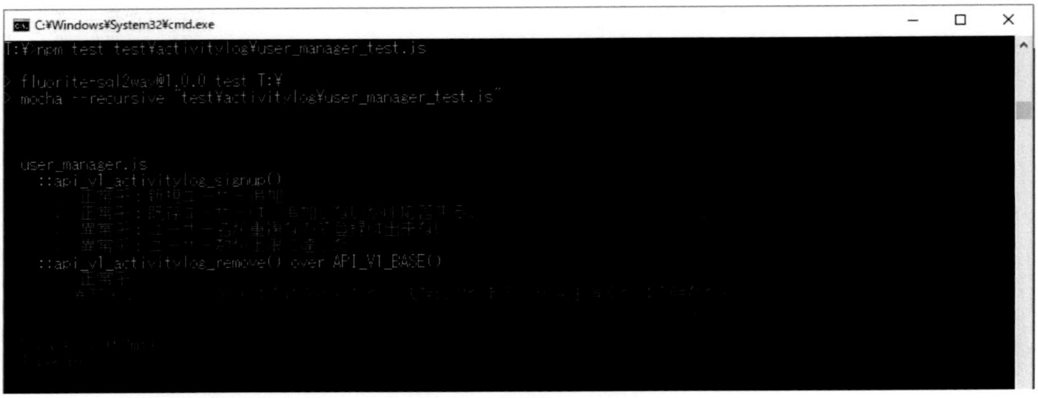

図 2.8: api_v1_activitylog_remove() を実装後のテスト結果

```
C:¥Windows¥System32¥cmd.exe
T:¥>npm test test¥activitylog¥user_manager_test.js

> fluorite-sql2way@1.0.0 test T:¥
> mocha --recursive "test¥activitylog¥user_manager_test.js"



  user_manager.js
    ::api_v1_activitylog_signup()
    ::api_v1_activitylog_remove() over API_V1_BASE()
```

第3章　ライブラリのI/Oの実動作をテストで確認しながら実装する

本章ではSQLiteデーターベースへのアクセス部分を実装します。

SQLiteデーターベースに初めて触れる方は、「SQLiteデーターベースからは、どんなフォーマットのデーターが返却されてくるのだろう？」と疑問に思うのではないでしょうか？少なくとも筆者はそうでした。なので、実際にNode.js上からSQLiteデーターベース上のデーターをReadして確認します。

Read操作のお試し用に小さなコードを作成しても良いですが、本章では次のような手順で進めます。

1. テストコードを分かる範囲で作成する（データーベースからの応答の検証は省略)。
2. 被テスト関数を仮実装する。
3. テストを実行して、実際のSQLiteデーターベースからの応答を確認する。
4. 確認したSQLiteデーターベースの応答に基づいて、テストコードの残りを作成する（スタブ化)。
5. 改めてテストを実行して、実際のSQLiteデーターベースにアクセスせずに検証が完了することを確認する。

スタブ化以降は、当初に「実動作の確認」を目的に作成したコードをそのまま、本来の用途のテストコードとして使うことができます。

SQLiteデーターベースへの接続用のライブラリには、「SQLite3」を利用します[1]。ライフログのデーター保存先のSQLiteデーターベースは、図3.1のような構造とします。

1.SQLite3の公式サイトには、サンプルのSQLite3データーベースファイルとそれを用いたサンプルコード（チュートリアル）が多数用意されています。こちらも参照をお勧めします。 http://www.sqlitetutorial.net/sqlite-sample-database/

図 3.1: SQLite データーベースの中身

◆管理用テーブル◆

カラム名			
id	owners_hash	password	max_entrys
（未だデータなし）			

◆ログ用テーブル ◆

カラム名			
id	created_at	type	owners_hash
1	2017/10/22	111	nyan1nyan2…

本章のサンプルコードを実行する前に、コマンドライン上からSQLiteデーターベースのテーブル作成と読み取り用のデーターをInsertしておきます。具体的には、コマンドライン向けのSQLiteツールで次のコマンドを実行します。SQLiteデーターベースのファイル名は「mydb.sqlite3」とします。

```
sqlite3.exe  mydb.sqlite3
sqlite> CREATE TABLE activitylogs(
sqlite>   [id] [integer] PRIMARY KEY AUTOINCREMENT NOT NULL,
sqlite>   [created_at] [text] NOT NULL,
sqlite>   [type] [int] NULL,
sqlite>   [owners_hash] [text] NULL
sqlite> );
sqlite> INSERT INTO activitylogs(
sqlite>   [created_at], [type], [owners_hash]
sqlite> ) VALUES(
sqlite>   '2017/10/22', 111,
sqlite>   'nyan1nyan2nyan3nayn4nayn5nyan6ny'
sqlite> );
.exit
```

「SELECT * FROM activitylogs」を実行してデーターが表示されることを確認してから、先に進んでください。具体的には次のようなコマンドライン実行と、結果表示になります。

```
sqlite3.exe  mydb.sqlite3
sqlite> SELECT * FROM activitylogs;
  1|2017/10/22|111|nyan1nyan2nyan3nayn4nayn5nyan6ny
sqlite> .exit
```

3.1 テストフレームワークから実際の外部I/Oを試行する

本書で作成するサーバーの機能を実現する上で、SQLiteデーターベースへのアクセスI/Oとして必要なのは次のような関数になります。

- createPromiseForSqlConnection()- データーベースに接続する
- isOwnerValid()- 登録済みのユーザーとして認証できるか否かを返す
- getListOfActivityLogWhereDeviceKey()- 読み込む
- addActivityLog2Database()- 書き込む
- deleteActivityLogWhereDeviceKey()- 削除する
- closeConnection()- データーベースを閉じる

これらの中で本節では、getListOfActivityLogWhereDeviceKey()の実装を取り上げて説明します。この関数の機能は「接続済みのデーターベースから、指定されたユーザー識別子に紐づいたログを、指定された期間の分だけ配列で取得する」とします。これを、実際にSQLiteデーターベースから「取得する」前提で、テストコードで表現するとリスト3.1のコードのようになります。

リスト3.1: テストフレームワーク越しに実際のSQLiteデーターベースからReadする例

```
/*
    [sql_lite_db_actual_test1.js]

    encoding=utf-8
*/

var shouldFulfilled =
require("promise-test-helper").shouldFulfilled;
var shouldRejected  =
require("promise-test-helper").shouldRejected;
require('date-utils');

const sql_parts = require("../src/sql_lite_db.js");


describe( "sql_lite_db_actual_test.js", function(){
    var createPromiseForSqlConnection
     = sql_parts.createPromiseForSqlConnection;
    var closeConnection
     = sql_parts.closeConnection;
    var addActivityLog2Database
```

```
    = sql_parts.addActivityLog2Database;
   var getListOfActivityLogWhereDeviceKey
    = sql_parts.getListOfActivityLogWhereDeviceKey;

   describe(
       "【実際にアクセス】::getListOfActivityLogWhereDeviceKey()",
   function(){
       this.timeout(5000);

       it("正常系。期間指定なし。",function(){
           var period = null; //無しの場合
           var deviceKey = "nyan1nyan2nyan3nayn4nayn5nyan6ny";

         // アクセス前処理
           var sqlConfig
           = { "database" : "./db/mydb.sqlite3" };
           // npm test 実行フォルダからの相対パス
           var promise
           = createPromiseForSqlConnection( sqlConfig );

         // 被テスト関数の実行
           return shouldFulfilled(
               promise.then( function(){
                   return getListOfActivityLogWhereDeviceKey(
                       sqlConfig.database, deviceKey, period
                   );
               })
                       ).then(function( result ){
               // アクセス後処理
               closeConnection( sqlConfig.database );

               // 実行結果の確認
               console.log( result );
           });
       });
   });
});
```

接続先のデーターベースは「"../src/sql_lite_db.js"」です。ユーザー識別子は「"nyan1nyan2nyan3nayn4nayn5nyan6ny"」です。

本関数getListOfActivityLogWhereDeviceKey()の実行前に、createPromiseForSqlConnection()でSQLiteデーターベースに接続しておき、実行後に、

closeConnection()で切断します。接続と切断は、SQLite3ライブラリのチュートリアル[2]に従って「newで接続インスタンスを生成して、close()で切断する」ことで行えます[3]。本書では、それぞれリスト3.2のように実装するものとします。

リスト3.2: SQLite3を用いたデーターベースへの接続と切断

```
/**
 * [sql_lite_db_crud.js]
 *
 *  encoding=utf-8
 */

/* 中略：var factoryImpl = {}; 等を定義。 */

/**
 * ※SQL接続を生成。
 *
 * @param{Object} sqlConfig     SQL接続情報。
 */
var createPromiseForSqlConnection = function( sqlConfig ){
    var dbs = factoryImpl.db.getInstance();
    var databaseName = sqlConfig.database;

    if( dbs[ databaseName ] ){
        return Promise.resolve();
    }else{
        return new Promise(function(resolve,reject){
            var sqlite
            = factoryImpl.sqlite3.getInstance().verbose();
            var db_connect
            = new sqlite.Database(
                databaseName,
                function(err){
                    if( !err ){
                        dbs[ databaseName ] = db_connect;
                        resolve();
                    }else{
                        reject(err);
                    }
                }
```

2.Connecting To SQLite Database Using Node.js. http://www.sqlitetutorial.net/sqlite-nodejs/connect/

3.本書のサンプルでは、接続インスタンスをプールの様に管理していますが、これはあくまで一例です。

```
            );
        });
    }
};
exports.createPromiseForSqlConnection =
createPromiseForSqlConnection;


var closeConnection = function( databaseName ){
    var dbs = factoryImpl.db.getInstance();
    var db = dbs[ databaseName ];
    if( !db ){
        return Promise.reject({
            "isReady" : false
        });
    }

    return new Promise(function(resolve,reject){
        db.close((err)=>{
            if(!err){
                dbs[ databaseName ] = null;
                resolve();
            }else{
                reject(err)
            }
        });
    });
};
exports.closeConnection = closeConnection;
```

リスト3.1のテスト対象である関数getListOfActivityLogWhereDeviceKey()に期待する機能は、次のSQLコマンドを発行して対象のログを取得して、配列として返却することです。

```
SELECT created_at, type FROM activitylogs
WHERE [owners_hash]=xxx
```

SQLite3ライブラリのチュートリアル[4]を参照すると、SQLのSELECTコマンドの発行は「all()」で行えることが分かりますので、実装コード例はリスト3.3になります。

4.Querying Data in SQLite Database from Node.js Applications. http://www.sqlitetutorial.net/sqlite-nodejs/query/

リスト3.3: getListOfActivityLogWhereDeviceKey()の実装例

```
var getListOfActivityLogWhereDeviceKey = function(
    databaseName, deviceKey, period
){
    var dbs = factoryImpl.db.getInstance();
    var db = dbs[ databaseName ];
    if( !db ){
        return Promise.reject({
            "isReady" : false
        });
    }

    var query_str = "SELECT created_at, type FROM activitylogs";
    query_str += " WHERE [owners_hash] = ?";

    return new Promise(function(resolve,reject){
        db.all(query_str, [deviceKey], (err, rows) => {
            if(!err){
                return resolve( rows );
            }else{
                return reject( err );
            }
        });
    });
};
```

getListOfActivityLogWhereDeviceKey()の実装前に一度テストする

本章では、getListOfActivityLogWhereDeviceKey()の実装を行ってからテストコードの初回実行をしています。しかし、前章のように「被対象関数の実装前に、中身が空の**枠だけの状態**で初回のテストを実行」しても構いません。枠だけのコード例としては、次のようになります。

```
var getListOfActivityLogWhereDeviceKey = function(
    databaseName, deviceKey, period
){
    return Promise.resolve([]);
};
```

exports.getListOfActivityLogWhereDeviceKey
= getListOfActivityLogWhereDeviceKey;

この場合、次のようなテスト結果になります。SQLコマンドを発行していないので戻り値は関数が返却した空配列そのものですが、「失敗」していないことから「アクセスの前処理（SQLiteデーターベースへの接続）」と「アクセスの後処理（SQLiteデーターベースからの切断）」が期待した通りに動作した事を確認できます。

```
T:\>npm test test\sql_lite_db_actual_test1.js

> mocha "test\sql_lite_db_actual_test1.js"


  sql_lite_db_actual_test.js
    【実際にアクセス】::getListOfActivityLogWhereDeviceKey()
[]
        正常系。期間指定なし。


  1 passing (15ms)
```

本章の目的は「実際の応答を確認する（際にテストコードを利用する）」ことなので最初からSQLコマンド発行まで仮実装しましたが、このように段階を踏んで進める事も出来ます。

IIIIIIIIIIIIIIIIIIIIIIIIIIIIIIIIIIIIIIIIIIIIIIIIIIIIIIIIIIIIIIIIIIIIIIIIIIIIIIIIIIIIIIIIIIIIIIIIII

リスト3.3では、all()によるSQLコマンドの実行結果「rows」をそのまま戻り値としています。本章の冒頭で準備したSQLiteデーターベース（図3.1）には、次のデーターが入っているので、これが配列として返却されることが期待値です。

```
1|2017/10/22|111|nyan1nyan2nyan3nayn4nayn5nyan6ny
```

実際に、どのようなデーター形式で「rows」が返却されるのか、getListOfActivityLogWhereDeviceKey()のテストコードを実際に実行して、確認します。

次のコマンドをコマンドラインから実行することで、Node.jsのテストコード（リスト3.1）から目的の関数getListOfActivityLogWhereDeviceKey()を実行します。

```
npm  test  test\sql_lite_db_actual_test1.js
```

テストの実行結果は図3.2のようになります。

この関数に期待すべき戻り値の形式が分かりました。利用するsqliteモジュールの「`all()`」の具体的な応答を確認できたので、次の節ではこの応答に基づいて仕様をテストコードで定めます。

図3.2: テストフレームワークからSQLiteを実際にRead

```
C:¥Windows¥System32¥cmd.exe
T:¥>npm test test¥sql_lite_db_actual_test1.js

> fluorite-sql2way@1.0.0 test T:¥
> mocha "test¥sql_lite_db_actual_test1.js"



  sql_lite_db_actual_test.js
    【実際にアクセス】::getListOfActivityLogWhereDeviceKey()
[ { created_at: '2017/10/22', type: 111 } ]
      √ 正常系。期間指定なし。


  1 passing (19ms)


T:¥>
```

本節のテストコードが失敗を返した場合

本節のテストコードの実行結果が、次のように「失敗」となった場合は、サンプル用のSQLiteデーターベースの準備ができていません。本節の冒頭の作成手順にしたがって作成後に、テストコードを再実行してください。

```
T:\>npm test test\sql_lite_db_actual_test1.js


> mocha "test\sql_lite_db_actual_test1.js"


  sql_lite_db_actual_test.js
    【実際にアクセス】::getListOfActivityLogWhereDeviceKey()
      1) 正常系。期間指定なし。


  0 passing (17ms)
  1 failing


  1) sql_lite_db_actual_test.js 【実際にアクセス】::getListOfActivityLogWhereDeviceKey() 正
```

常系。期間指定なし。:

Error: SQLITE_ERROR: no such table: activitylogs

npm ERR! Test failed. See above for more details.

3.2 外部I/Oをスタブ化する

実際にSQLデーターベースにアクセスしたところをスタブ関数に置き換えると、そのテストコードは「この関数getListOfActivityLogWhereDeviceKey()の仕様の表現」と言うことができます。スタブ化したテストコードはリスト3.4のようになります。

リスト3.4: モック化したテストドライバーコードの例

```
describe( "::getListOfActivityLogWhereDeviceKey()",function(){
    it("正常系。期間指定なし。",function(){
        var period = null; //無しの場合
        var deviceKey = "にゃーん。";

        // アクセス前処理
        var dbs = sql_parts.factoryImpl.db.getInstance();
        var stub_instance = sinon.stub();
        var expected_rows = [
            {
                "created_at": '2017-10-22',
                "type": 900
            }
        ];
        dbs[ sqlConfig.database ] = {
            "all" : stub_instance
        };
        stub_instance.callsArgWith(2, null, expected_rows);

        // 被テスト関数の実行
        return shouldFulfilled(
            sql_parts.getListOfActivityLogWhereDeviceKey(
                sqlConfig.database, deviceKey, period
            )
        ).then(function(result){
            // アクセス後処理：不要
```

```
            // 実行結果の検証
            assert( stub_instance.calledOnce );
            var called_args = stub_instance.getCall(0).args;
            expect( called_args[0] ).to.equal(
                "SELECT created_at, type FROM activitylogs "
                + "WHERE [owners_hash] = ?"
            );
            expect( called_args[1] ).to.deep.equal(
                [deviceKey]
            );
            expect( result ).to.deep.equal( expected_rows );
        });
    });
});
```

テストの内容としては、対象の関数の実装をなぞるような自明な部分も含まれますが、このテストコード（リスト3.4）の次の部分から、getListOfActivityLogWhereDeviceKey()の返すPromiseインスタンスがresolveされて際に返却されるオブジェクトが「create_atとtypeをプロパティに持つ要素、の配列」であることが明確に読み取れるようになります。

```
var expected_rows = [
    {
        "created_at": '2017-10-22',
        "type": 900
    }
];
（中略）
expect( result ).to.deep.equal( expected_rows );
```

対象の関数のコメントに記載しておいても構わない内容ですが、テストコードで表現しておくことで、もし何かの弾みにデグレードが起こり、異なる返却値を返すようになってしまっていた場合にはテストが「失敗」するので直ぐ分かるようになります。

3.3 現在時刻を内部的に利用する関数のテスト作成

addActivityLog2Database()のテストコードを作成します。本書のサンプルでは、呼び出された時刻と共に「引数で受け取った値」をSQLコマンドの「INSERT INTO activitylogs(created_at, type, owners_hash)VALUES('呼び出された時刻', '引数に受け取った値' 'xxx'」を発行してSQLデーターベースに記録する、として考えます。INSERTコマンドなので、SQLデーターベースからの戻ってくるデーター形式は気にする必要がありません。しかしこの関数の場合は、「現在時刻を取得したか？」をテストする必要があります。これは簡単なようで、よくよく考えると「テストの間もシステムの時刻は動く」ので、「現在時刻」を判定するの大変です。そこで、Sinonライブラリが提供する「システムの時間を止める」機能を利用します。具体的には次のように記述します。

```
var clock = sinon.useFakeTimers(); // これで時間が止まる。
// (中略)
clock.restore(); // 時間停止を解除。
```

この機能を利用すると、「useFakeTimes()」を呼び出してから、「restore()」を呼び出すまでの間、「var date = new Date();」で生成される「現在時刻」の値が「1970-01-01 09:00:00.000」に固定されます。これを利用して、addActivityLog2Database()のテストコードを記述するとリスト3.5のようになります。

リスト3.5: addActivityLog2Database()のテストコード例

```
describe( "::addActivityLog2Database()", function () {
    var addActivityLog2Database
    = sql_parts.addActivityLog2Database;
    it("正常系：時刻指定はさせない仕様（内部時間を利用する）", function () {
        var deviceKey = "にゃーん。";
        var typeOfAction = "111";
        var dbs = sql_parts.factoryImpl.db.getInstance();
        var stub_instance = sinon.stub();
        var stub_wrapperStr
        = sinon.stub().callsFake( function(str){ return str; } );

        var clock = sinon.useFakeTimers();
        // これで時間が止まる。
        // 「1970-01-01 09:00:00.000」に固定される。

        dbs[ sqlConfig.database ] = {
            "run" : stub_instance // INSERTコマンドはrun()を利用。
        };
        stub_instance.callsArgWith(
            2, /* err= */null, /* rows= */null
        );
        sql_parts.factoryImpl._wrapStringValue
        .setStub( stub_wrapperStr );

        return shouldFulfilled(
            sql_parts.addActivityLog2Database(
```

```
                sqlConfig.database, deviceKey, typeOfAction
            )
        ).then(function(result){
            clock.restore(); // 時間停止解除。

            assert(
                stub_wrapperStr.withArgs( deviceKey ).calledOnce
            );
            assert( stub_instance.calledOnce );

            var called_args = stub_instance.getCall(0).args;
            expect( called_args[0] ).to.equal(
                "INSERT INTO "
                + "activitylogs(created_at, type, owners_hash ) "
                + "VALUES( ?, ?, ? )"
            );
            expect( called_args[1] ).to.deep.equal([
                '1970-01-01 09:00:00.000',
                typeOfAction,
                deviceKey
            ]);
            expect( result ).to.deep.equal({
                "type_value" : typeOfAction,
                "device_key" : deviceKey
            });
        });
    });
});
```

もしこの「時刻停止」を用いずにテストを実行すると、次のように「失敗」するでしょう。

期待値として「実行直前にnew Date()で現在時刻を取得」して設定したとしても、タイムラグが必ず発生するためです。

```
T:\>npm test test\sql_db_io\sql_lite_db_crud_test.js

> fluorite-sql2way@1.0.0 test T:\
> mocha --recursive "test\sql_db_io\sql_lite_db_crud_test.js"

  sql_lite_db_crud.js
    ::addActivityLog2Database()
      1) 正常系：時刻指定はさせない仕様（内部時間を利用する）
```

```
  1 failing

  1) sql_lite_db_crud.js ::addActivityLog2Database() 正常系：時刻指定は
させない仕様（内部時間を利用する）：

      AssertionError: expected 'INSERT INTO
      activitylogs(created_at, type, owners_hash )
      VALUES(\'2018-04-22 11:00:00.001\', 111, \'にゃーん。\')'
      to equal
      'INSERT INTO activitylogs(created_at, type, owners_hash )
      VALUES(\'2018-04-22 11:00:00.000\', 111, \'にゃーん。\')'
      + expected - actual

      -INSERT INTO activitylogs(created_at, type, owners_hash )
       VALUES('2018-04-22 11:00:00.001', 111, 'にゃーん。')
      +INSERT INTO activitylogs(created_at, type, owners_hash )
       VALUES('2018-04-22 11:00:00.000', 111, 'にゃーん。')

      at Promise.<anonymous>
      (T:\test\sql_db_io\sql_lite_db_crud_test.js:425:45)
      at T:\node_modules\promise-test-helper\lib
      \promise-test-helper.js:14:24

npm ERR! Test failed.  See above for more details.
```

Sinonライブラリの「時間停止」の機能を用いることで実行中の時刻を「1970-01-01 09:00:00.000」に固定できるので、期待値にリスト3.5のように「1970-01-01 09:00:00.000」を指定した「時刻に対するテスト」のテストコードを簡単に作成することができます。

前章と本章で、SQLiteデーターベースへのRead/Writeを含めたサーバー側の機能の実装について、次の関数をサンプルとして取り上げて「テストコードを書くことで設計して、その後に対象の機能（関数）を実装する」という流れで説明してきました。

・Restful API越しに、ユーザーの登録と削除
　—api_v1_activitylog_signup()- 新規登録
　—api_v1_activitylog_remove()- 登録削除
・サーバー内でSQLiteデーターベースへ実際にアクセスする関数
　—createPromiseForSqlConnection()- SQLiteデーターベースへ接続
　—closeConnection()- SQLiteデーターベースから切断

—getListOfActivityLogWhereDeviceKey()- ライフログを読み込む

—addActivityLog2Database()- ライフログを書き込む

サンプルとして取り上げた関数以外にも次の機能の実装が必要ですが、「テストコードの作成」の観点からは、同様の内容で作成可能ですので本書中での説明は省略します。それらを含めた全体の実装コード例はサポートサイトに掲載しておりますので、参照してください。

・Restful API越しに、データーベースの準備

—api_v1_activitylog_setup()- SQLiteデーターベースのテーブルの作成

・Restful API越しに、ライフログデーターを読み書き

—api_v1_activitylog_show()- ユーザーのログを取得

—api_vi_activitylog_add()- ユーザーのログを追加

—api_v1_activitylog_delete()- ユーザーのログを削除

・サーバー内でSQLiteデーターベースへ実際にアクセスする関数

—addNewUser()- 新規ユーザーを書き込む

—getNumberOfUsers()- ユーザー数を取得

—deleteExistUser()- 既存ユーザーを削除

—isOwnerValid()- 登録済みのユーザーとして認証できるか否か

—getNumberOfLogs()- ユーザー毎のログ数を取得

—deleteActivityLogWhereDeviceKey()- ユーザー毎のログを削除

次の章では、クライアント側の実装を行います。

第4章　ライフログを記録するWebアプリのクライアント側UIを作る

本章ではクライアント側のUI側を作成してきます。GUIの描画と画面へのデーターの反映を容易にするためVue.jsフレームワークを採用しますが、GUIのアクションのテストは難しい部分が多いので、本書ではテストベースでの設計は見送ります。データーの加工を伴うロジック部分を対象としてテストコードから設計していきます[1]。

本書のサンプルコードでは、クライアント側から呼び出すサーバー側のRESTful APIとして次のサーバー側の関数を準備することを前提とします。

- RESTful API越しに、ユーザーの登録と削除
  - api_v1_activitylog_signup()- 新規登録
  - api_v1_activitylog_remove()- 登録削除
- RESTful API越しに、データーベースの準備
  - api_v1_activitylog_setup()- SQLiteデーターベースのテーブルの作成
- RESTful API越しに、ライフログデーターを読み書き
  - api_v1_activitylog_show()- ユーザーのログを取得
  - api_vi_activitylog_add()- ユーザーのログを追加
  - api_v1_activitylog_delete()- ユーザーのログを削除

本章では、「RESTful API越しに、ライフログデーターを読み書き」に関するUI周りを説明します。「ライフログデーターを読み書き」の機能は、次のようにRESTful越しで呼び出せるものとします。

- /api/v1/activitylog/show - GET - api_v1_activitylog_show
- /api/v1/activitylog/add - POST - api_v1_activitylog_add
- /api/v1/activitylog/delete - POST - api_v1_activitylog_delete

RESTful APIについて

本書の範囲では、「RESTful API」は「HTTP での通信からグラフィカルな部分を落として、データーの送受信だけに特化したもの」くらいに捉えて構いません。本章のサンプルでは、次のような流れで動的にデーターを取得してカレンダーに表示する設計とします。

1. 不安なところをテストすればよい。すべてテストする必要はない、と言う考え方です。

1. ブラウザーから、サーバー側にRESTful APIを用いてデーターを要求／記録する
2. サーバー側で、要求に応じたデーターを作成してブラウザーへ返却する。
3. ブラウザーで、受け取ったデーターに応じて表示を更新する。

本書で用いるサンプルコードは図4.1のような画面表示を行うように実装してあります。それぞれのボタンを押したときの動作は次のようになります。

- 「起きた」「寝る」が押されたら、ライフログをサーバー側へ記録する
- 「更新」ボタンが押されたら、ライフログの最新状態をサーバー側から取得する
- 「取り消し」ボタンが押されたら、ひとつ前のログをサーバー側から削除する

図4.1: ブラウザー側のUI

これらのうち、最初のふたつはサーバー側に実装したapi_vi_activitylog_add()とapi_vi_activitylog_show()をRESTful API経由で呼び出すことで、実装は容易に出来そうです。

「取り消し」ボタンが押された時の動作を考えてみると、これは単純に「api_vi_activitylog_delete()を呼び出すだけ」では実装できません。何故なら、「指定した期間のログを削除する」RESTful APIは実装してありますが、「ひとつ前のログのみを削除する」RESTful APIは実装していないからです[2]。したがって、取得済みのライフログから最後のログのみを指定する「期間」を生成して、それをもって「指定した期間のログを削除する」RESTful APIを呼び出す必要があります。これをテストベースで実装していきます。

なお、本章で実装するコードはブラウザー上での動作を想定しています。そのソースコードをそのままNode.js上から参照してテストすると、windows オブジェクトやDOMの扱いに悩みますし、Node.js側の外部公開時に用いる「exports」オブジェクトの扱いにも困ります。本書では、「テストコードを書く」ことに注力するため、図4.2のようにソースコードを分けることで簡易的にこれを解決することとします[3]。ブラウザー環境とNode.js環境の双方から参照する「ロジック部分」のソースコード内には、次のように window オブジェクトと exports オブジェクトを環境によって使い分ける仕掛けを入れておきます。

```
var _deleteLastActivityDataInAccordanceWithGrid = function(){};

// 中略
if( this.window ){
    // ブラウザー環境での動作
}else{
    // Node.js環境での動作（テスト実行時のみ）
    exports.deleteLastActivityDataInAccordanceWithGrid
    = _deleteLastActivityDataInAccordanceWithGrid;
}
```

2.「ひとつ前のログのみを削除する」APIを実装しても構わないのですが、ブラウザー側への適用事例を説明するために本サンプルでは実装は見送っております。

3. 根本的な解決方法としては、トランスパイラを用いて同一コードからNode.js向けとブラウザー向けに変換する方法などがあります。しかし本書の範囲を超えるため割愛します。

図4.2: ブラウザーとNode.jsから共通に参照させる

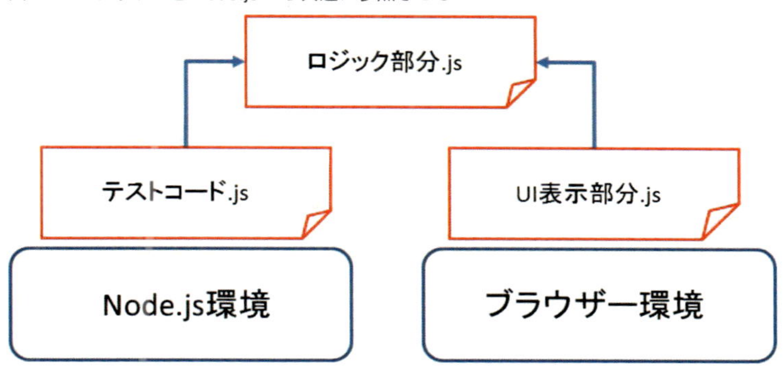

4.1 関数内の時間変換のテストを作成する

ひとつ前のログのみを削除するために、「指定した日時のログのみを削除する」関数`deleteLastActivityDataInAccordanceWithGrid()`を作成します。本書で用いるサンプルコードでは、「クライアント側で（表示する）保持するライフログの日時はJST、サーバー側に記録されている日時はGMT」としているので、その変換も検証に入れておきます[4]。引数に渡される「削除するログの日時」はJSTですが、RESTful APIのパラメータで指定する「削除するログの期間」はGMTになります。このタイムゾーンの変換「JST→GMT」は「GMTからのズレ（h単位）を返す」関数`getTimeDifferenceHourForShow()`を別途作成して行うものとします。この関数の実装は別に行うものとし、本テストではスタブ関数で固定的に「GTM→JST」の差分として「＋９」を返却するように設定します。これらをもって`deleteLastActivityDataInAccordanceWithGrid()`の実装を考えてみると、次のようになります。

1. 引数に、削除対象である「最新のログ」の「日時」を受け取る
2. `getTimeDifferenceHourForShow()`を呼び出し、受け取った「日時」の時刻をタイムゾーンに応じて変換する。
3. 削除したいログの前後1分で挟む「期間」を算出する（※簡単にするため、2分より短い間隔での記録は無いものと仮定する）
4. 算出した「期間」をもって、「指定した期間のログを削除する」RESTful APIである「/api/v1/activitylog/delete」を呼び出す

これをテストコードで表現するとリスト4.1のようになります。

4. これは、Azureサーバーのデフォルトが GMT であることへの備えです。また時刻の換算はテストのサンプルとして都合が良いので、このサンプルを用います。

リスト4.1: deleteLastActivityDataInAccordanceWithGrid()のテストコード例

```
describe("::deleteLastActivityDataInAccordanceWithGrid()",
function(){
    var hook = target.client_lib;

    it("正常系：サーバー側のタイムゾーンはGMT", function(){
        var deleteLastActivityDataInAccordanceWithGrid
        = hook
          .deleteLastActivityDataInAccordanceWithGrid;
        var fakeLastActivitiyDate = "2018-01-06 08:42:16.000";
        var EXPECTED_RESPONSE = {
            "number_of_logs" : "ログデーターの残数（数値）"
        };

        var stub_getTimeDifferenceHourForShow
        = sinon.stub().onCall(0).returns(+9);
        // ここでは「表示用には、-9hする（時差は+9hを返す)」ケースを考える。
        // ※サーバー側がGMTで、表示をJSTにしたい場合を想定。
        hook.getTimeDifferenceHourForShow
        = stub_getTimeDifferenceHourForShow;

        // ※「stub_fooked_axios」はbeforeEach(), afterEach() の外で
        //    定義済み&clinet_libに接続済み。
        stub_fooked_axios["get"] = sinon.stub();
        stub_fooked_axios["post"] = sinon.stub();

        stub_fooked_axios.post.onCall(0).returns(
            Promise.resolve({
                "data" : EXPECTED_RESPONSE
            })
        );

        return shouldFulfilled(
            deleteLastActivityDataInAccordanceWithGrid(
                fakeLastActivitiyDate
            )
        ).then(function(){
            expect( stub_getTimeDifferenceHourForShow.callCount )
            .to.equal(
                1, "getTimeDifferenceHourForShow()を1度呼ぶこと"
            );
```

```
            var stub_post_args
            = stub_fooked_axios.post.getCall(0).args;
            expect( stub_fooked_axios.get.callCount )
            .to.equal( 0, "axios.get()は呼ばれないこと。" )
            expect( stub_post_args[0] )
            .to.equal("./api/v1/activitylog/delete");
            expect( stub_post_args[1] )
            .to.have.property("date_start")
            .to.equal("2018-01-05 23:41:16.000");
            expect( stub_post_args[1] )
            .to.have.property("date_end"  )
            .to.equal("2018-01-05 23:43:16.000");
        });
    });
});
```

deleteLastActivityDataInAccordanceWithGrid()に渡される引数と、関数中で呼び出されるRESTful API「 /api/v1/activitylog/delete 」の引数の検証を、リスト4.1のようにテストコードに書き出すと、この仕様では、「どのユーザーのデーターを削除するのか？」を特定できないことに気づきます。

ユーザーの特定のために「ユーザー名」と「パスワード」の情報追加が必要です。deleteLastActivityDataInAccordanceWithGrid()の引数の仕様を変更して「ユーザー名」と「パスワード」を追加しても良いですが、本章ではユーザー名とパスワードを保持している外部変数へアクセスして内部的に取得する設計を選びます。ここでは、client_lib.vueAccountInstanceが、プロパティuserName, passKeyWordとしてユーザー名とパスワードを保持している設計とします。テストコードの検証を、client_lib.vueAccountInstanceの持つプロパティの値（ユーザー名とパスワード）をもってRESTful API「/api/v1/activitylog/delete」が呼ばれたか？という内容に変更します。また、RESTful APIの返却結果にも「どのユーザーのデーターか？」が分かるように、ユーザー名を追加します。

書き換えたテストコードはリスト4.2のようになります。

リスト4.2: deleteLastActivityDataInAccordanceWithGrid()のテストコード修正版

```
describe("::deleteLastActivityDataInAccordanceWithGrid()",
function(){
    var hook = target.client_lib
    it("正常系：サーバー側のタイムゾーンはGMT", function(){
        var deleteLastActivityDataInAccordanceWithGrid
```

```
    = hook.deleteLastActivityDataInAccordanceWithGrid;
    var fakeLastActivitiyDate = "2018-01-06 08:42:16.000";
    var EXPECTED_USER = {
        "userName" :    hook.vueAccountInstance.userName,
        "passKeyWord" : hook.vueAccountInstance.passKeyWord
    };
    var EXPECTED_RESPONSE = {
        "number_of_logs" : "ログデーターの残数（数値）",
        "device_key" : EXPECTED_USER.userName
    };
    var stub_getTimeDifferenceHourForShow
    = sinon.stub().onCall(0).returns(+9);
    // ここでは「表示用には、-9hする（時差は＋９ｈを返す）」
    // ケースを考える。
    // ※サーバー側がGMTで、表示をJSTにしたい場合を想定。
    hook.getTimeDifferenceHourForShow
    = stub_getTimeDifferenceHourForShow;

    // ※「stub_fooked_axios」は
    //   beforeEach(), afterEach() の外で
    //   定義済み＆clinet_libに接続済み。
    stub_fooked_axios["get"] = sinon.stub();
    stub_fooked_axios["post"] = sinon.stub();

    stub_fooked_axios.post.onCall(0).returns(
        Promise.resolve({
            "data" : EXPECTED_RESPONSE
        })
    );

    return shouldFulfilled(
        deleteLastActivityDataInAccordanceWithGrid(
            fakeLastActivitiyDate
        )
    ).then(function(){
        expect( stub_getTimeDifferenceHourForShow.callCount )
        .to.equal(
            1, "getTimeDifferenceHourForShow()を1度呼ぶこと"
        );

        var stub_post_args
        = stub_fooked_axios.post.getCall(0).args;
```

```
            expect( stub_fooked_axios.get.callCount )
            .to.equal( 0, "axios.get()は呼ばれないこと。" )
            expect( stub_post_args[0] )
            .to.equal("./api/v1/activitylog/delete");
            expect( stub_post_args[1] )
            .to.have.property("device_key")
            .to.equal(EXPECTED_USER.userName);
            expect( stub_post_args[1] )
            .to.have.property("pass_key")
            .to.equal(EXPECTED_USER.passKeyWord);
            expect( stub_post_args[1] )
            .to.have.property("date_start")
            .to.equal("2018-01-05 23:41:16.000");
            expect( stub_post_args[1] )
            .to.have.property("date_end"  )
            .to.equal("2018-01-05 23:43:16.000");
        });
    });
});
```

これで、deleteLastActivityDataInAccordanceWithGrid()のインプット（引数）と、アウトプット（呼び出されるRESTful APIのパラメータ）が定められました。

4.2 関数内の時間変換を実装する

deleteLastActivityDataInAccordanceWithGrid()を実装していきます。先ず関数の枠だけを実装すると次のようになります。

```
var _deleteLastActivityDataInAccordanceWithGrid
= function( lastDateStr ){
    return Promise.resolve();
};
```

この状態でテストを実行すると、当然ながら「失敗」（図4.3）します。

```
    npm test test\vue_client\vue_client_test.js
```

図 4.3: deleteLastActivityDataInAccordanceWithGrid() の枠だけ実装

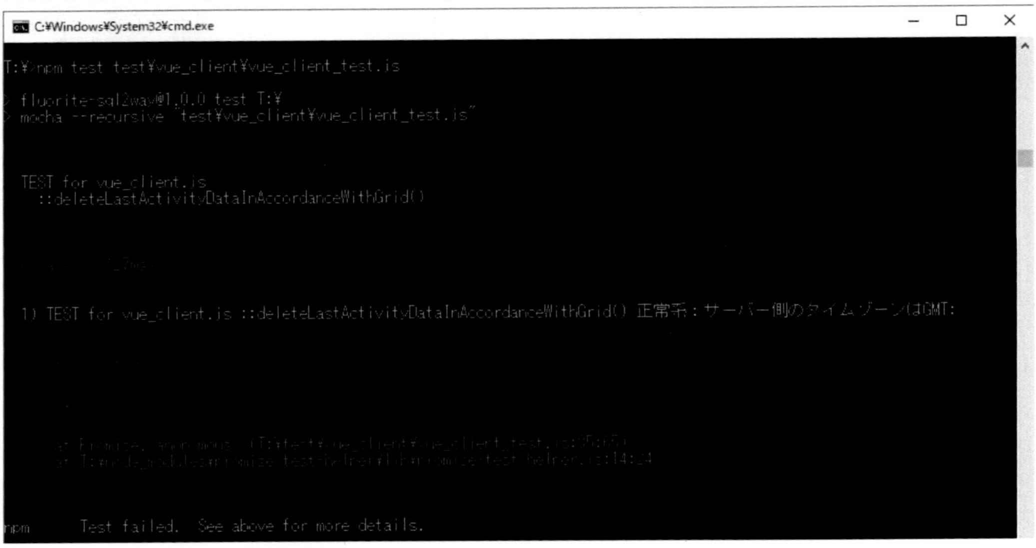

```
C:¥Windows¥System32¥cmd.exe

T:¥>npm test test¥vue_client¥vue_client_test.js

> fluorite-sql2way@1.0.0 test T:¥
> mocha --recursive "test¥vue_client¥vue_client_test.js"


  TEST for vue_client.js
    ::deleteLastActivityDataInAccordanceWithGrid()


  1) TEST for vue_client.js ::deleteLastActivityDataInAccordanceWithGrid() 正常系：サーバー側のタイムゾーンはGMT:


npm      Test failed.  See above for more details.
```

先ほどのテストコードでの設計に従って、関数を実装します[5]。

リスト 4.3: deleteLastActivityDataInAccordanceWithGrid() の実装例その 1

```
var _deleteLastActivityDataInAccordanceWithGrid
= function( lastDateStr ){
    var url = "./api/v1/activitylog/delete";
    var axiosInstance = client_lib.axios;
    var promise;
    var savedUserName = client_lib.vueAccountInstance.userName;
    var savedPassKey  = client_lib.vueAccountInstance.passKeyWord;

    // lastDateStrは、サーバーから取得した生の値の最終行（=最新）の
    // create_atプロパティが格納されている。
    var effectiveTimeZoneAsHours
    = client_lib.getTimeDifferenceHourForShow();
    var dateStart = new Date(lastDateStr);
    var dateEnd = new Date(lastDateStr);
    var secondsExpress;

    secondsExpress
    = dateStart.getTime() - effectiveTimeZoneAsHours*36000000;
    dateStart.setTime( secondsExpress );
    secondsExpress
```

5. ブラウザー環境では、Node.js 環境とは異なり date-utils が使えないので、日付の「yyyy-mm-dd」表記への変換を自前関数 _local_toDateString() で実装しています。

```
    = dateEnd.getTime() - effectiveTimeZoneAsHours*36000000;
    dateEnd.setTime( secondsExpress );

    secondsExpress
    = dateStart.getTime() - 60 *1000; // 60秒手前。
    dateStart.setTime( secondsExpress );
    secondsExpress = dateEnd.getTime() + 60 *1000; // 60秒後。
    dateEnd.setTime( secondsExpress );

    promise = axiosInstance.post(
        url,
        { // postData
            "device_key" : savedUserName,
            "pass_key" : savedPassKey,
            "date_start" : _local_toDateString( dateStart ),
            "date_end"   : _local_toDateString( dateEnd )
        }
    );

    return promise;
};
```

リスト4.3の実装に対してテストを実行すると、図4.4のように「失敗」してしまいました。テストコードの次の検証部分が「失敗」しているようです。

```
expect( stub_post_args[1] ).to.have.property("date_start")
.to.equal("2018-01-05 23:41:16.000");
```

算出された「date_start」の時刻が期待値と異なっているようです。実装したコードの、data_startの算出のところを見てみると、「3600000」であるべきところが「36000000」だったようです。

```
secondsExpress = dateStart.getTime() + effectiveTimeZone*36000000;
dateStart.setTime( secondsExpress ); //                ⇒3600000 が
正しい。
```

このような分かりにくいtypoによる実装バグも、テストを先に作成しておくことで、容易に拾い上げることができます。実装を「360000000」→「3600000」へ修正した後にテストを実行すると、図4.5のように「成功」に変わります。これで、期待した時刻の算出が実装されました。

図 4.4: 時刻算出のテストが失敗

```
C:¥Windows¥System32¥cmd.exe
T:¥>npm test test¥vue_client¥vue_client_test.js

> fluorite-sql2way@1.0.0 test T:¥
> mocha --recursive "test¥vue_client¥vue_client_test.js"


  TEST for vue_client.js
    ::deleteLastActivityDataInAccordanceWithGrid()

  1) TEST for vue_client.js ::deleteLastActivityDataInAccordanceWithGrid() 正常系：サーバー側のタイムゾーンはGMT:

npm      Test failed.  See above for more details.
```

図 4.5: 時刻算出のテストが成功

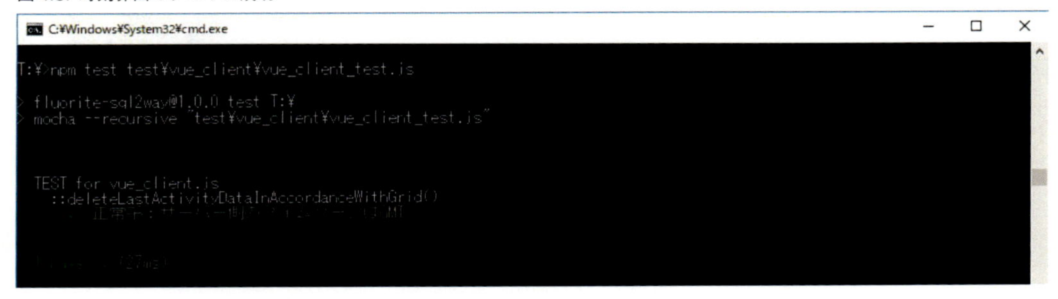

同様にして、ブラウザー側の残りの実装もテストベースで進めます。なお、本書では「起床」と「就寝」のみを記録対象としてサンプルコードを設計しています。これに、「食事」なども記録できるようにするのも面白いでしょう。機能追加した場合のデグレード確認の場面では、「テストコード」を作成済みであることの効果を大いに実感できると思います。

本章では、クライアント側の「データーの加工を伴うロジック部分」の「テストコード」の作成と、関数の実装の進め方を説明してきました。実際にWebアプリケーションとして仕上げるにはGUIとしての機能の実装も必要ですが、こちらはVue.jsフレームワークに関する内容になるため、本書中での説明は省略します。GUIの描画部分を含めた全体を実装したサンプルコードをサポートサイトに掲載しておりますので、参照してください。

第5章　全体を実装して、Azureに公開する。

前章までで、「テストコードを作成しながら設計し、その後から関数を実装して動作確認をする」の具体的な進め方を説明してきました。本章では、そのようにして作成したWebアプリケーションをWebに公開する方法を簡単に説明します。公開場所にはAzure環境を利用します。公開する操作は次の手順となります。

1. GitHubのリポジトリにソースコードを全て格納する
2. Azure上でWeb Appインスタンスを作成する
3. GitHubのリポジトリを紐づける
4. 環境変数の設定を行う

本書のサンプルコードの場合は、続けて次の操作を本サンプルコード内で実装済みのAPIを経由して実行する事で、公開完了となります。

5. SQLiteデーターベースの初期テーブルを生成する

なお、本書のサンプルコードはMochaフレームワークによるテストコードを含んでいますが、テストコードを含まないWebアプリケーションをAzure上に公開する場合と比較して、Azureに公開する際の手順に差分はありません。

テストコードのみでなくWebアプリケーション本体の機能も含めて実装済みのサンプルコードは、サポートサイトに掲載しています。では、サンプルコードを公開する具体的な操作を説明していきます。

5.1　ローカルで、全体の動作確認を行う

本書での進め方に従って機能の実装を終えたサンプルコード一式はリスト5.1のようなフォルダとファイル構成になります[1]。

リスト5.1: 実装を完了したコード一式

```
db/*
LICENSE
package.json
server.js
src/api/activitylog/*
```

1.db フォルダには、タグファイルとしてテキストファイルを置いておきます。これは、空のフォルダはGitHubで同期対象外になるためです。

```
        /sql_db_io/*
        /debugger.js
        /factory4require.js
        /sql_config.js
    /app.js
    /public/*
    /routes/*
    /views/*
test/activitylog/*
     /sql_db_io/*
     /vue_client/*
     /support_stubhooker.js
```

Azureに公開する前にローカルで全体の動作確認をします。サンプルコード一式（リスト5.1）をサポートサイトからダウンロードし、ローカルに保存してください。続いて、動作に必要なモジュールをインストールするために次のコマンドを実行します。

```
npm install
```

次のモジュール一式がインストールされます。

・Webアプリケーション本体で利用するモジュール
　―Expressフレームワーク関連
　―date-utils
　―sqlite3
・テストコードの実行で利用するモジュール
　―mocha
　―chai
　―sinon
　―promise-test-helper

本書では「テストコードから作成する」で実装を進めてきましたので、保存したコードの過不足をテストの実行で確認しましょう。前章までと同様に次のコマンドでMochaテストを実行します。本章では「全てのテスト」を実行するので、引数（実行するテストコードの指定）は不要です。

```
npm test
```

実行結果が、次のように「passing + pending」のみ[2]となればコードの準備は完了です。

```
T:\>npm test

> fluorite-sql2way@1.0.0 test T:\
> mocha --recursive

  api_method.js
    ::api_v1_activitylog_show() over API_V1_BASE()
       正常系
      - 異常系::getList~ () の部分
    ::api_vi_activitylog_add() over API_V1_BASE()
       正常系
       異常系::ログ数が、割り当ての上限数を超えているので、Add出来ない。
      - 異常系::addActivityLog~ () の部分
    ::api_v1_activitylog_delete() over API_V1_BASE()
       正常系
      - 異常系::deleteActivityLogWhereDeviceKey() の部分

  (中略)

  TEST for vue_client.js
    ::deleteLastActivityDataInAccordanceWithGrid()
       正常系：サーバー側のタイムゾーンはGMT

  50 passing (359ms)
  11 pending
```

続いて、ローカル上でサーバーを起動して実際に動作を確認します。次のように環境変数を設定したうえで、ローカルWebサーバーを起動します[3]。マスターパスワードは、ローカル環境では評価用ですので好きなように設定してください。

```
set SQL_DATABASE=./db/mydb.sqlite3
set CREATE_KEY=マスターパスワード
npm start
```

ローカルWebサーバーが起動した状態で、curlコマンドを使って次のように「データーベースのテーブルを構築」するRESTful API を実行します（誌面の都合で改行されていますが、1

2. もちろん、全て「passing」になるのが理想ですが、本書では「異常系の検証は後から」としたケースとしてpendingのテストケースを残しています。
3. ローカルWebサーバーを停止するときは、ctrl + C を押してください。

行として打ってください)[4]。

```
curl "http://localhost:3000/api/v1/activitylog/setup1st"
--data "create_key=環境変数に設定したマスターパスワード" -X POST
```

正常に終了すると、次の様な応答が返ります。


```
{"tables":[{"type":"table","name":"activitylogs","tbl_name":
"activitylogs","rootpage":2,"sql":"CREATE TABLE activitylogs
([id] [integer] PRIMARY KEY AUTOINCREMENT NOT NULL, [created
_at] [text] NOT NULL, [type] [int] NULL, [owners_hash] [text
] NULL )"},{"type":"table","name":"sqlite_sequence","tbl_nam
e":"sqlite_sequence","rootpage":3,"sql":"CREATE TABLE sqlite
_sequence(name,seq)"},{"type":"table","name":"owners_permiss
ion","tbl_name":"owners_permission","rootpage":4,"sql":"CREA
TE TABLE owners_permission([id] [integer] PRIMARY KEY AUTOIN
CREMENT NOT NULL, [owners_hash] [char](64) NOT NULL, [passwo
rd] [char](16) NULL, [max_entrys] [int] NOT NULL, UNIQUE ([o
wners_hash]) )"},{"type":"index","name":"sqlite_autoindex_ow
ners_permission_1","tbl_name":"owners_permission","rootpage"
:5,"sql":null}]}
```


これでSQLiteデーターベースのテーブルが構築されました。「db」フォルダ配下を参照して「mydb.sqlite3」というファイルが生成されていることを確認してください。

続いて、ブラウザーから「http://localhost:3000/」へアクセスしてください。図5.1が表示されれば、本Webアプリの骨組みとして利用しているExpressフレームワークは正常動作しています[5]。

最後に本アプリを配置した「http://localhost:3000/client_app.html」へアクセスします[6]。「設定パネル」をクリックして開いてください。初回のアクセス時は「登録してください」画面（図5.2）が出るので、メールアドレスとパスワードを登録します。登録が成功したら「起床」ボタンを押してみましょう。グリッド表示部分に、時刻とともに「起床」が追加されたら成功です。同様に「就寝」のボタンの動作も検証しましょう。一度、ブラウザーを閉じて再度アクセスしてみましょう。先ほど登録した内容がそのまま表示されれば、動作成功です。

---

4. 初回のみ実行します「db」フォルダ内に、mydb.sqlite3が作成済みの場合はスキップして構いません。

5.Express フレームワークに標準で準備されている実装されている表示ページです。

6. ローカルファイルとして file:// のプロトコルで開いてしまうと、ajax でのクロスドメインの扱いが面倒になります。これを避けるために http として同じドメインとして開きます。

図 5.1: Express フレームワークのデフォルトページ

図 5.2: サンプルアプリの初回登録画面

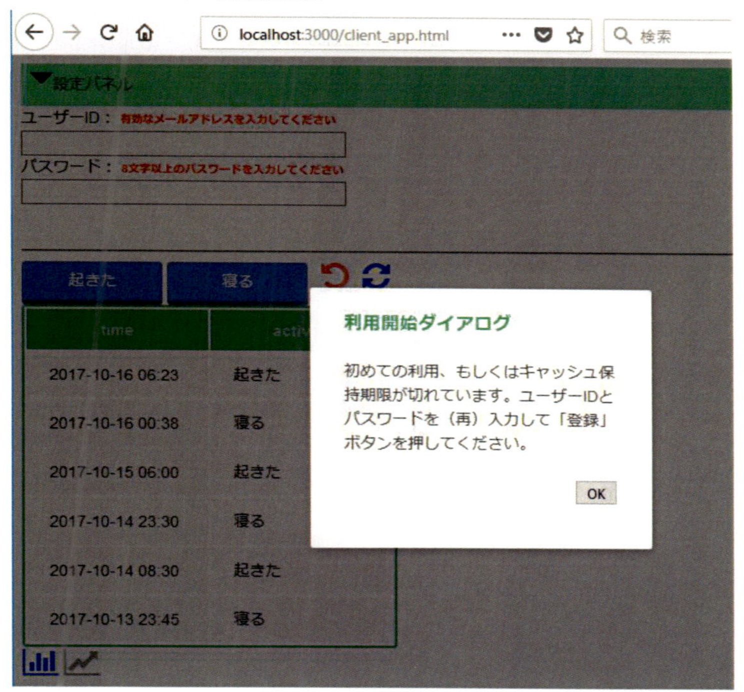

5.2 Azure上に公開して、設定と動作確認を行う

ローカルでの動作確認が終わりましたので、Azure へアップロードして実際にスマホ上から動作確認を行います。

Azureへのソースコードのアップロード前に、クライアント側のhtmlファイルに、任意のアイコンを設定します。htmlファイルのヘッダにリスト5.2のlinkタグを追加して、アイコンファイル（画像ファイル）を指定します。

リスト5.2: ホームアイコンに表示するアイコンの指定方法

```
<link rel="apple-touch-icon-precomposed"
     href="./アイコンファイル.png" />
```

こうしておくと、スマートフォン上のChromeブラウザーから「ホーム画面に追加」を行った際に、ショートカットのアイコンとして表示できます。

以降、AzureアカウントとGitHubアカウントを作成済みであること前提とします。未作成の場合は、作成してから先へ進んでください。

AzureアカウントとGitHubアカウントの作成方法

AzureとGitHubのアカウント作成方法や連携方法などについてのより詳しい説明は、手前味噌ですが当方のQiitaの記事「Node.jsで作成したWebサービスをAzureで公開する[7]」や、稚作の「Azure無料プランで作る！初めてのWebアプリケーション開発」[8]（インプレスR&D刊）を参照ください。なお、本書ではサンプルコードのdbフォルダ内にSQLiteデーターベースを自前で配置して利用します。Azureポータル上で「Azure SQL Database」を作成する操作は不要です。

先ず、今回作成するアプリ用に、GitHubリポジトリを新規作成します[9]。作成したリポジトリにソースコードのファイル一式（リスト5.1）をコミットします。

srcフォルダもtestフォルダも一緒に格納して問題ありません。節「5.1 ローカルで、全体の動作確認を行う」で「npm install」コマンドでインストールしたモジュールの中で、「テストコードの実行で利用するモジュール」はpackage.jsonのdevDependenciesプロパティで指定しています。Azure上では、package.jsonのdependenciesプロパティで定義したライブラリのみがインストールされます。devDependenciesプロパティで定義したテストコード用の各種ライブラリはインストールされません。（もちろんインストールされていても問題はありませんが、不要なものは無い方が良いです）

Azureのアカウントにログインし、「Web App」のインスタンスを「フリープラン」で新規作成します。最後に、「ソースコード」をGitHubに紐づけます。これだけで、Azure上で必要なモジュールがインストールされ、Webアプリケーションが構成されます。

7.https://qiita.com/xingyanhuan/items/6aed10a2057fa77487b6

8.https://nextpublishing.jp/book/9639.html

9. 本書ではGitHubを用いた方法を説明しますが、他にもFTPを用いるなどの複数の方法があります。

Azure上でもnpmで参照可能

実際にAzure上にインストールされているnode.jsのモジュールを確認するには、Azureポータルサイトにログイン後に対象の「Web App」を開きます。「Web App」の画面が表示されたら、左ペインから「開発ツール>コンソール」を開いてください。「npm list」と打つことで、ローカルと同様に参照可能です。

これまでの操作で、Azure上で既にWebアプリケーションが動作しています。「http://Azureアカウントのドメイン.azurewebsites.net/」[10]へアクセスして、先ほどのローカルでの動作確認時と同様にExpressフレームワークのデフォルトのWebページ（図5.1）が表示されることを確認してください[11]。

続いて、Azure側の環境変数の設定を行います。ローカル環境で起動前に設定した環境変数と、用途は同じです。図5.3のように、Azureの環境変数「SQL_DATABASE=./db/mydb.sqlite3」と「CREATE_KEY=マスターパスワード」を設定します。「マスターパスワード」は初回のテーブル作成用のパスワードですので、分かりにくいものにしてください。次のようにcurlコマンドを用いてテーブル作成用のRESTful APIを実行し、Azure上にあるSQLiteデーターベースへテーブルを作成します。（誌面の都合で改行されていますが、1行として打ってください）

```
curl "http://AzureのAppドメイン/api/v1/activitylog/setup1st"
--data "create_key=Azure環境変数に設定したマスターパスワード" -X POST
```

先の「5.1 ローカルで、全体の動作確認を行う」と同じ実行結果が返れば完了です。

10.「AzureのAppドメイン」の部分には、Web Appインスタンス毎のドメインが入ります。「Web App名」＋「.azurewebsites.net」となるようです。Azureポータルにて、作成した「Web App」の「概要」ページで確認できます。

11. 動作準備の完了までに数分かかることがあります。上手く表示されない場合は、数分後に再度アクセスしてください。

図 5.3: Azure の環境変数を設定

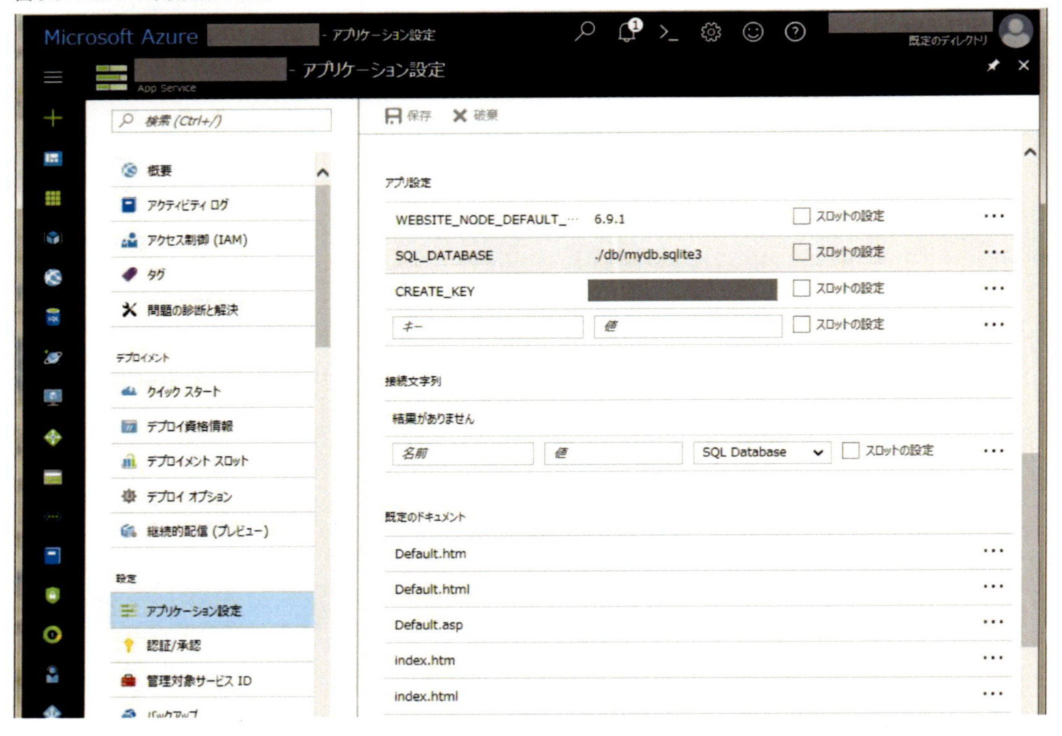

これで、Azureへの公開作業は完了です。

先ずはパソコン上のChromeブラウザーからアクセスしてみましょう。「http://AzureのAppドメイン/client_app.html」へアクセスします[12]。先ほどローカルで動作確認した際と同様に、初回のアクセス時は「登録してください」画面にてメールアドレスとパスワードを登録します。登録が成功したら「起床」ボタンを押してみましょう。グリッド表示部分に、時刻とともに「起床」が追加されたら成功です。同様に「就寝」のボタンの動作も検証しましょう。一度、ブラウザーを閉じて再度アクセスしてみましょう。先ほど登録した内容が、そのまま表示されれば、動作成功です。

続いて、スマートフォン端末のChromeブラウザーから同様にアクセスします。アクセスする際には、先ほどのパソコン上からの登録時に用いたメールアドレスとパスワードのセットを用います。パソコン上で登録済みのデーターが同様に表示されることを確認してください。

スマホ端末のChromeブラウザーでページを表示した状態で、ブラウザーメニューから「ホーム画面に追加」を選択します[13]。ブラウザーを閉じてホーム画面に戻ります。スマホ端末のホーム画面に、設定したアイコンが追加されていることを確認してください。ホーム画面の、本アプリのアイコンをクリックするとChromeブラウザーが開いて先ほどのアプリケーションの画

12. 本書では http で例示しておりますが、https でアクセスしても同じように動作します。Azure は https 環境での公開をそのままサポートしてくれますので、便利ですね。
13. スマートフォンの OS（Android/iOS）のバージョンによって、表記が異なる場合があります。

面が表示されます。これで、スマホ向けのネイティブアプリケーションのように、ホーム画面から容易に利用することが出来るようになりました[14]。

5.3 Azureでの公開後の機能強化について

Azureに Webアプリとして公開した後で、「○○の機能を追加しよう」や「先送りした××の処理を実装しよう」ということが往々にしてあると思います。あるいは、ちょっとしたtypo（例えば「api_v1」と書くべきところを「api_vi」として書いてしまっていた等）を直したい、ということもあるでしょう。

しかし、今動いているコードに手を入れた際に意図しない個所にも変更を加えてしまい、意図しない動作になる（デグレード）不安もあると思います。そういうときこそ、「テストコードがある」ということが強い安心感を与えてくれます。「npm test」でテストを実行して結果が「成功」であれば、「テストコードが作成済みの既存の機能はデグレードしていない」ことを簡単に確認できます。これで機能の追加も気軽に行えます。

テストコードを書きながら設計する「テストベースの開発」で、デグレード不安の少ない機能追加を、ぜひ楽しんでください。

14. もちろん、ブラウザーのお気に入りからアクセスするスタイルでも問題ありません

付録A　Sinonライブラリで良く使うAPIについて

本付録では、「Sinonライブラリ」の中から本書において良く使う「スタブ関数の応答の設定方法」と「動作後の検証のための値の取得方法」を簡単に説明します。それぞれの設定と取得は「Sinon API」（以降APIと略記）を用いて行います。より詳細な用法やここで説明しないAPIについては、次のSinonの公式サイトを参照ください。

https://sinonjs.org/

スタブ関数の応答の設定方法は、「API Documentation - Sinon.JS」配下の「Stubs」のページ（次のURLです）に記載がありますので、辞書的に検索する際はこちらをお勧めします。

https://sinonjs.org/releases/v6.1.5/stubs/

動作後に検証するための値の取得方法は、「API Documentation - Sinon.JS」配下の「Spies」のページ（次のURLです）に記載がありますので、辞書的に検索する際はこちらをお勧めします。

https://sinonjs.org/releases/v1.17.7/spies/

「Spies」のページは、スパイ関数[1]が持つAPIの説明ですが、スタブ関数も全く同じAPIを持っているため共通的に使うことができます（そのため、「Stubs」のページでは記載が省略されています）。

本付録では、「`var stubA = sinon.stub();`」として生成したスタブ関数に対するAPIの使い方を説明します。

A.1　スタブ関数の動作を設定するAPI

スタブ関数の動作を設定するAPIで、本書で利用しているものは次のものです。

・n 回目の呼び出し時に、値Zを返却する。

```
stubA.onCall(0).returns("hoge");
```

1. 呼び出された回数や引数を記録する機能をもった関数です。「テストスパイ」や「スパイ関数」等と呼ばれます。

```
// 初回（=0 回目）の呼び出しで "hoge" を返す。

stubA.onCall(n).returns(
    Promise.resolve({"result" : "OK"})
);
// n 回目の呼び出しで {"result" : "OK"} を引数とした
// Promise.resolve() インスタンスを返す。
```

・引数Aで呼び出されたら、値Zを返却する。

```
stubA.withArgs( "hoge" ).returns(
    { "message" : "OK" }
);
// 引数 "hoge" で呼び出されたら、{ "message" : "OK" }を
// 戻り値として返却する。
```

・呼び出されたら、即座にcallbackA関数を引数Bを用いて実行する。

```
stubA.callsArgWith( 0, "hoge" );
// stubA( function(param1){ /* ぴよぴよ */ } )の呼び出しに対して、
// stubAの0番目（0オリジン）の引数をcallback関数とみなして、
// 引数param1に"hoge"を指定した上で即座に callback関数を実行する。

stubA.callsArgWith(
    2,
    null, {"value" : "OK"}
);
// stubA()の2番目（0オリジン）の引数をcallback関数と見なして実行する。
// 詳細は以下のコメント内を参照。

/*
    stubA( param0, param1, function(err, result){
        // 何らかのコールバック処理。
    });
    // 上記↑のようにスタブ関数stubA()を呼び出した際に、
    // その2番目の引数（0オリジン）をcallback関数と扱って、
    // function( err=null, result={"value" : "OK"} );
    // として即座に実行する。
*/
```

・呼び出された時の動作を、任意に設定する。

```
stubA.callsFake( function(str){ return str; } );
// スタブ作成の観点では
// stubA = sinon.spy( function(str){ return str; } );
// と同等の動作。
// 本来は、オブジェクト内の既存メソッドを、任意の関数で動作を
// 置き換えたうえでスタブ化するのが目的のAPI。
```

A.2 実行後のスタブ関数の呼び出し状況を取得するAPI

スタブ関数の呼び出し状況を取得するAPIの中で、本書で利用しているものは次のものです。検証用のライブラリ Chai と組み合わせた例も合わせて記載します。

・1回だけ呼び出されたか？を true / false で取得する。

```
stubA.calledOnce;

// Chaiと組み合わせて検証する。

assert( stubA.calledOnce, "stubA()を1回だけ呼び出すこと" );
```

・1回目の呼び出しの引数を取得する。

```
stubA.getCall(0).args; // ⇒ [ args0, args1,,, ] 引数の配列が返る。

// Chaiと組み合わせて、引数を検証する。

expect( stubA.getCall(0).args[0] )
.to.equal( "hoge", "1回目の呼び出しの引数の1つ目が「"hoge"」であること" );

expect( stubA.getCall(1).args[1] )
.to.be.null; // 2回目の呼び出しの引数の2つ目が null であること。

expect( stubA.getCall(1).args[0] )
.to.have.property("status").to.equal(200);
// 2回目の呼び出しの引数の1つ目がプロパティ"status"を持ち、
// 且つその値が「200」であること。
```

・特定の引数で1回だけ呼び出されたか？を true / false で取得する。

```
stubA.withArgs( "hoge" ).calledOnce;

// Chaiと組み合わせて検証する。

assert(
    stubA.withArgs( "hoge" ).calledOnce,
    "stubA()を引数「hoge」で1度だけ呼び出すこと"
);
```

・呼び出された回数を取得する。

```
stubA.callCount;

// Chaiと組み合わせて検証する。

expect( stubA.callCount )
.to.equal( 3, "stubA()が3回呼び出されること" );
```

・1度も呼び出されなかったか？を true / false で取得する.

```
stubA.notCalled;

// Chaiと組み合わせて検証する。

assert( stubA.notCalled, "stubA()が1度も呼ばれないこと" );
```

付録B　Expressフレームワークの使い方

本付録では「Azureで公開するWebアプリにおいて、Expressフレームワークをゼロから導入して利用する場合の手順」を説明します。

Expressフレームワークとは**「Webアプリケーションとモバイル・アプリケーション向けの一連の堅固な機能を提供する最小限で柔軟なNode.js Webアプリケーション・フレームワーク」**[1]です。

Expressフレームワークで出来ることは様々ありますが、本付録では「RESTful APIを実装する」という観点で利用します。ファイルとフォルダの配置は、Azureでの公開を意識した形式にします。また、Expressフレームワークの外側の追加コードについて、Mochaテストを利用する前提で組み込めるようにしたフォルダ構造とします。

ゼロからExpressフレームワークを使うための手順は次のようになります。

1. expressフレームワークをグローバルインストールする
2. express-generatorをグローバルインストールする
3. express-generatorを用いてExpressフレームワークのスケルトンを作成する
4. スケルトンをsrcフォルダ配下に移動し、apiフォルダを追加する
5. src/apiフォルダ配下に、目的のRESTful APIを実装する。

「expressフレームワーク」をグローバルでインストールするのは、フォルダの場所を選ばずにExpressコマンドを容易に利用するためです。初回のスケルトン作成の環境でのみ利用できればよいので、package.jsonに記録する必要はありません。

「express-generator」はExpressフレームワークのスケルトンを容易に生成するツールです。コマンド発行の利便性からグローバルでインストールします。これも初回のスケルトン作成だけが目的ですので、package.jsonへの記録は同様に不要です。

では実際に構築していきます。次のコマンドで、Expressフレームワークをインストールします。

```
npm install -g express
```

次のコマンドで、express-generatorをインストールします。

1. 公式サイト http://expressjs.com/ja/ からの引用です。

```
npm install -g express-generator
```

次を入力してバージョンが表示されれば、正常インストールされています。

```
express --version
```

表示されない場合は、パスが未反映の場合があり得ますので、OSを一度再起動してから再試行してください。当方の環境では「4.15.0」と表示されます。

グローバルインストール状態の確認方法

グローバルインストール「-g」でのインストール先を確認したいときは次のコマンドを実行します。インストール先のフォルダパスが表示されます。

npm list -g

任意の場所に新規のフォルダを作成し、作成したフォルダ配下へ移動します。

次のコマンドでExpressフレームワークのスケルトン[2]を生成します。この時のパラメータ「myapp」が生成先のフォルダ名となります。コマンドを実行したフォルダ直下に「myapp」という新しいフォルダが生成され、そのフォルダ配下にExpressフレームワークのスケルトンが出力されます。「myapp」フォルダは、この後の操作の中で最終的には削除しますので、任意の名称で構いません。

```
express myapp
```

myappフォルダ配下に、次のようにファイルとフォルダが生成されます。

```
myapp\app.js
     \bin\*
     \package.json
     \public\*
     \routes\*
     \views\*
```

myappフォルダへ移動して、次のコマンドを実行します。

2. 標準的な構成一式、と捉えてください。

```
npm install
```

これでExpressフレームワークの実際の動作で必要なモジュールが、myapp フォルダ配下にインストールされます。次のコマンドを打つと、Webサーバーがローカルで立ち上がります。

myappフォルダ配下において、Expressフレームワークの準備が出来ましたので、デフォルトで準備されているサンプルページと応答を用いて動作を確認します（2回目以降では、このmyappフォルダ配下での動作確認は不要です）。

```
npm start
```

ブラウザーから「http://localhost:3000/」のURLへ移動して次のように表示されれば成功です[3]。

```
Express
Welcome to Express
```

ブラウザーのURL欄に「http://localhost:3000/users」を打ち込んでEnterを押すと、「respond with a resource」が表示されます。これがRESTful APIでの応答になります。ローカルのWebサーバーを停止するには「Ctrl+C」を押します。

ここまでで、myappフォルダ配下での確認作業は終了です（2回目からは不要です）。

続いて、myappフォルダの上位フォルダへ戻り、myappフォルダと同じ位置にsrcフォルダとtestフォルダを作成します。myapp\bin\フォルダ配下にある、wwwファイル[4]をコピーして、src フォルダと同じ位置に置きます。コピーしたwwwを server.js へリネームします[5]。コマンド「npm init」を実行してpackage.jsonファイルを新規生成します。入力項目「test command: 」には「mocha」と入れておきます（後でpackage.jsonファイルを直に編集します）。入力項目「license: 」は希望するライセンス形態を入れます。これらを終えると、次のようなファイルとフォルダ構造になります。

```
myapp\*
src\*
test\*
server.js
package.json
```

3. 表示されるページはExpress フレームワークが持つデフォルトページです。実体は myapp\views\index.jade ファイルです。

4. フォルダの様な名称ですがファイルです。実体はテキストファイルで、javascript のコードになります。

5. 次のページも参考にしてください。「Azure Cloud Services での Express を使用した Node.js Web アプリケーションの構築」https://docs.microsoft.com/ja-jp/azure/cloud-services/cloud-services-nodejs-develop-deploy-express-app

```
server.js
```

package.jsonファイルの生成を完了したら、次のコマンドでテストフレームワークとライブラリを開発向けとしてインストールします[6]。

```
npm install mocha chai sinon promise-test-helper  --save-dev
```

直下のpackage.jsonと、myapp\package.jsonとを開きます。myapp\package.jsonの中のdependenciesプロパティの記述を、先ほど新規作成した直下のpackage.jsonへコピーします。具体的には次の部分です[7]。

```
"dependencies": {
  "body-parser": "~1.17.1",
  "cookie-parser": "~1.4.3",
  "debug": "~2.6.3",
  "express": "~4.15.2",
  "jade": "~1.11.0",
  "morgan": "~1.8.1",
  "serve-favicon": "~2.4.2"
}
```

例えば、devDependancies プロパティの後に配置するなら、次のようになります。devDependanciesが最終プロパティだった場合は、「,」を忘れないようにしてください。

```
"devDependencies": {
  "chai": "^4.1.2",
  "mocha": "^3.5.3",
  "promise-test-helper": "^0.2.1",
  "sinon": "^3.3.0"
},
"dependencies": {
  "body-parser": "~1.17.1",
  "cookie-parser": "~1.4.3",
  "debug": "~2.6.3",
  "express": "~4.15.2",
  "jade": "~1.11.0",
  "morgan": "~1.8.1",
  "serve-favicon": "~2.4.2"
```

6. この操作で、package.jsonにdevDependanciesプロパティが挿入されます。

7. 記載のモジュール一覧とバージョンは、執筆時点のものです。

```
}
```

myappフォルダ配下から、次のファイルとフォルダ**のみ**を、srcフォルダ配下へ移動します。

```
app.js
bin\*
public\*
routes\*
views\*
```

移動したら、myapp フォルダを削除してしまってください。今後に再び「ゼロから作成」するのでなければ、express と express-generator も次のコマンドでアンインストールしてしまって構いません。

```
npm uninstall -g express-generator
npm uninstall -g express
```

srcフォルダ配下に api フォルダを作成します。次のファイルとフォルダ構成となります。

```
node_modules\*
package.json
server.js
src\*
   \app.js
   \api\*
   \bin\*
   \public\*
   \routes\*
   \views\*
test\
```

ファイルserver.js を開いて次の部分を編集します。

```
var app = require('../app');
// ↓
var app = require('./src/app');
```

package.json を開いて、次の部分を編集します。

```
"test": "mocha",
// ↓
```

```
"test": "node_modules/.bin/mocha",
```

もし、startプロパティの値が異なっている場合は、次のように編集します。

```
"start": "node server.js"
```

これらの操作を終えたら、あらためて直下（srcフォルダの上）で「npm install」を行います。その後にコマンドラインから「npm start」を実行すると、Webサーバーがローカルで立ち上がります。先ほどと同様にブラウザーから「`http://localhost:3000/`」のURLへ移動し、次のように表示されれば成功です[8]。

```
Express
Welcome to Express
```

8. 表示されるページの実体は src\views\index.jade ファイルです。myapp\views\index.jade から移動したファイルになります。

あとがき

この本を最後まで読んでいただき、ありがとうございます。「テストコードはこう書くのか！」「テストを先に書くと、こんなに安心なのか！」と思ってもらえたなら嬉しく思います。

テスト駆動開発（TDD)、という言葉があります。「最初にテストを書く」という開発スタイルです。

筆者がこれに取り組んだ時に、初学者として次のふたつのハードルがあると感じました。

・「設計書を書く、テストを書く、実装する」という順序が目指すところだが、実際には「設計書」が書きあがると「実装」へ進んでしまう。

・「テストコードを書く」の具体的な例を探した時に、「１＋１＝２」を検証する例しか見つからず、テストコードを書くことのメリットが分かりにくい。

ひとつ目のハードルは、「テストコードが設計書である」と言う視点を持つことである程度回避できました。

しかし、「設計書である」と見なす為には「ＡがＢの時はＣを呼び出す、をテストコードで表現する方法」が必要となります。すると、その具体例として分かり易いサンプルがあまり見当たらない、というふたつ目のハードルに突き当たります。結局「テストとは別に設計書を書く」に戻ってしまい、「最初に１歩が踏み出しにくい」と感じていました。

具体的なテストコードの例として「１＋１＝２を検証出来ます」ではなく、「実際にアプリケーションを開発する上で、こんなメリットがあります」がもっと分り易いと嬉しい、と思ったのです。

筆者自身は、「Chai + Sinon」というライブラリの組み合わせを使っているうちに、「外部Input/Outputの応答をSinonによるスタブで定義して、動作をChaiで検証する。すると意図を分かり易く書くことができる」という結論に達して、「テストって安心だ！便利だ！」と思うようになりました。しかし、SinonもChaiもそれぞれにライブラリ単体では便利さがイマイチ分り難い(具体例が乏しい)、と今でも思っています。

本書ではそんな「最初の１歩が踏み出しにくい」というハードルを取り払うことを目的として、実際に「Azureで公開するWebアプリケーションを作る」過程で「設計をテストコードで書く具体例」と、「その為に必要なライブラリの使い方」という視点で書かせていただきました。同じように躓きを感じている誰かの助けになれば幸いです。

なお本書は、技術書典４にて頒布させていただいた同人誌をベースに、加筆修正を行った本になります。「本にまとめる」という機会を提供くださった技術書典と主催のTeckBooster様、「大丈夫。書ける！」と最初の１歩を後押ししてくださったBOSUKE様、２歩目、３歩目を後押ししてくれた「ワンストップ！技術同人誌を書こう」の著者の方々、「出版しましょう！」と声を掛けてくださった株式会社インプレスR&Dの山城様、そして、「そこが知りたかった」と即売会で伝えてくれた方々、この本を製作する過程で関わってくれた全ての方々、手に取ってくれた皆様に深く感謝いたします。

著者紹介

窓川 ほしき（まどかわ ほしき）

大学時代に、趣味でWindowsアプリケーションの作成を始める。アプリはVectorで公開し、ダウンローダーのカテゴリーで人気1位を獲得。2016年にNode.jsと出会い「こんなに簡単にサーバーサイドのコードも書けるのか！」と感動、Webブラウザベースのツール作成を開始する。「JavaScriptでの作成の手軽さとAzureでの公開の簡単さを伝えたい」と、技術系同人誌の即売会イベントにて同人誌を頒布していたところ、商業出版の声がかかる。Web上での名前は「ほしまど」。最近のマイブームは劇場版BLAME!。著書に、「Azure無料プランで作る！初めてのWebアプリケーション開発」（インプレスR&D刊）がある。

◎本書スタッフ
アートディレクター/装丁：岡田章志＋GY
編集協力：飯嶋玲子
デジタル編集：栗原 翔

〈表紙イラスト〉
湊川 あい（みなとがわ あい）
フリーランスのWebデザイナー・漫画家・イラストレーター。マンガと図解で、技術をわかりやすく伝えることが好き。著書『わかばちゃんと学ぶ Webサイト制作の基本』『わかばちゃんと学ぶ Git使い方入門』『わかばちゃんと学ぶ Googleアナリティクス』が全国の書店にて発売中のほか、動画学習サービスSchooにてGit入門授業の講師も担当。マンガでわかるGit・マンガでわかるDocker・マンガでわかるUnityといった分野横断的なコンテンツを展開している。
Webサイト：マンガでわかるWebデザイン http://webdesign-manga.com/
Twitter：@llminatoll

技術の泉シリーズ・刊行によせて
技術者の知見のアウトプットである技術同人誌は、急速に認知度を高めています。インプレスR&Dは国内最大級の即売会「技術書典」（https://techbookfest.org/）で頒布された技術同人誌を底本とした商業書籍を2016年より刊行し、これらを中心とした『技術書典シリーズ』を展開してきました。2019年4月、より幅広い技術同人誌を対象とし、最新の知見を発信するために『技術の泉シリーズ』へリニューアルしました。今後は「技術書典」をはじめとした各種即売会や、勉強会・LT会などで頒布された技術同人誌を底本とした商業書籍を刊行し、技術同人誌の普及と発展に貢献することを目指します。エンジニアの"知の結晶"である技術同人誌の世界に、より多くの方が触れていただくきっかけになれば幸いです。

株式会社インプレスR&D
技術の泉シリーズ　編集長　山城 敬

●本書の内容についてのお問い合わせ先
株式会社インプレスR&D　メール窓口
np-info@impress.co.jp
件名に「『本書名』問い合わせ係」と明記してお送りください。
電話やFAX、郵便でのご質問にはお答えできません。返信までには、しばらくお時間をいただく場合があります。なお、本書の範囲を超えるご質問にはお答えしかねますので、あらかじめご了承ください。
また、本書の内容についてはNextPublishingオフィシャルWebサイトにて情報を公開しております。
https://nextpublishing.jp/

●落丁・乱丁本はお手数ですが、インプレスカスタマーセンターまでお送りください。送料弊社負担に てお取り替えさせていただきます。但し、古書店で購入されたものについてはお取り替えできません。
■読者の窓口
インプレスカスタマーセンター
〒 101-0051
東京都千代田区神田神保町一丁目 105番地
TEL 03-6837-5016／FAX 03-6837-5023
info@impress.co.jp
■書店／販売店のご注文窓口
株式会社インプレス受注センター
TEL 048-449-8040／FAX 048-449-8041

技術の泉シリーズ

テスト駆動で作る！初めてのAzureアプリ

2018年11月16日　初版発行Ver.1.0（PDF版）
2019年4月12日　Ver.1.1

著　者　窓川 ほしき
編集人　山城 敬
発行人　井芹 昌信
発　行　株式会社インプレスR&D
〒101-0051
東京都千代田区神田神保町一丁目105番地
https://nextpublishing.jp/
発　売　株式会社インプレス
〒101-0051　東京都千代田区神田神保町一丁目105番地

印刷・製本　京葉流通倉庫株式会社
Printed in Japan

ISBN978-4-8443-9855-4

NextPublishing®
●本書はNextPublishingメソッドによって発行されています。
NextPublishingメソッドは株式会社インプレスR&Dが開発した、電子書籍と印刷書籍を同時発行できるデジタルファースト型の新出版方式です。 https://nextpublishing.jp/